華夏名渠
襄陽長渠——木渠歷史考證

王孔庚 著

中国社会出版社
国家一级出版社·全国百佳图书出版单位

图书在版编目（CIP）数据

华夏名渠：襄阳长渠—木渠历史考证 / 王孔庚著．
—北京：中国社会出版社，2020. 12
ISBN 978 - 7 - 5087 - 6451 - 1

Ⅰ. ①华…　Ⅱ. ①王…　Ⅲ. ①灌溉渠道—介绍—襄阳
Ⅳ. ①S274

中国版本图书馆 CIP 数据核字（2020）第 226185 号

书　　名： 华夏名渠——襄阳长渠—木渠历史考证
著　　者： 王孔庚

出 版 人： 浦善新
终 审 人： 尤永弘
责任编辑： 魏光洁

出版发行： 中国社会出版社　**邮政编码：** 100032
通联方式： 北京市西城区二龙路甲 33 号
电　　话： 编辑部：（010）58124851
邮购部：（010）58124848
销售部：（010）58124845
传　真：（010）58124856
网　　址： www. shcbs. com. cn
shcbs. mca. gov. cn
经　　销： 各地新华书店

中国社会出版社天猫旗舰店

印刷装订： 河北鑫兆源印刷有限公司
开　　本： 170mm × 240mm　1/16
印　　张： 6. 75
字　　数： 100 千字
版　　次： 2020 年 12 月第 1 版
印　　次： 2020 年 12 月第 1 次印刷
定　　价： 50. 00 元

中国社会出版社微信公众号

《华夏名渠——襄阳长渠－木渠历史考证》
编纂委员会

撰稿：王孔庚

主编：鲁成峰　廖明志

序 言

今年5月，收故乡好友电函一封，并附文稿一部《华夏名渠——襄阳长渠－木渠历史考证》，索阅后意见并嘱我作序。原因很简单，我是襄阳宜城人，并从事水利教学科研工作三十余年，理当为故乡作一份贡献，不敢推辞。

展书一读，倍感惊艳，文稿中所述的襄阳古渠——长渠、木渠修建于两千多年前，谁曾想至今仍担负使命的古灌溉杰作背后竟有如此跌宕起伏的故事。古渠千百年来灌溉着这片土地，可谓“渠之所经，田皆肥沃，并渠之民，足食而甘饮”。它以“立碣、壅水、筑巨堰”而立，以“秦楚鄢郢之战”而名，以“引蓄结合、长藤结瓜”而用，以“分时轮灌、梯级开发”为典。于2018年8月14日同都江堰、姜席堰、灵渠一起申遗成功，成为世界灌溉工程遗产之一。

襄阳长渠、木渠原为楚国农用灌溉渠道，因战国时期秦将白起引水攻鄢而闻名于世。据《元和郡县图志》记载：“昔秦将白起攻楚，引西山长谷水两道争灌鄢城，一道使沔北入，一道使沔南入，遂拔之。”是白起借用古渠作为战渠？还是攻鄢专修此渠，而后作为灌溉渠道？本书针对上述疑点，查阅海量史料，并组织现场调研取证，结合历史发展、水利技术演变和秦楚鄢郢之战时的军事水平，推论曰：古渠由孙叔敖修建并用于其封地的灌溉，而非其后公元前279年白起率秦军攻鄢而修建。虽然论述证据链不能完全闭合，但推理严谨，多与历史关键节点相合，可信度很高。

本书文字优美，激情飞扬，充满浩然正气和浓烈的故乡情结，可读性极强。

8月，受邀与作者王孔庚先生一见，未曾想竟是87岁高龄的前辈，崇敬之情油然而生，为他孜孜不倦的创作精神、胸怀祖国的高尚品格和一颗纯真的赤子之心所感动。

在此，预祝本书出版顺利！祝前辈王孔庚先生身体健康，佳作连连！

武汉大学水利水电学院教授　王均星

2020年10月于武汉

前　言

世界上有许多河流，被人们称作大地的动脉。河流的水则是大地的血液，生生不息地流淌，滋润着土地，哺育着人民，孕育着源远流长的人类文明。

（一）

宜城（郢都、鄢郢），楚国问鼎中原、逐鹿天下时的都城，境内有汉江、蛮河两大河流和长渠、木渠两大水渠。公元前279年，秦将白起善借地利，引水灌鄢，一场鄢郢之战，毁灭了楚国数百年的霸业，致楚国走向衰败。白起因此被封武安君，长渠也因此扬名。

2000多年来，长渠的水静静地流淌，默默地低吟着曾经的过往与辉煌，世世代代滋润着这片被誉为“天下膏腴”的土地，恩泽着这一方勤劳智慧的人民。

长渠西起湖北省南漳县谢家台，东至宜城市郑集镇赤湖村，蜿蜒49.25千米，沿途有38条支渠，600多条斗渠，5000多条农渠，中小水库10座，堰塘2000多口，犹如长藤结瓜，串联缠绕。长渠也叫白起渠、荩忱渠，号称百里长渠。据史书明确记载，长渠之名最早出现在中唐时期《元和郡县图志》：“长渠……昔秦将白起攻楚，引西山长谷水两道，争灌鄢城。”故有人认为长渠是白起为攻楚而开挖，所以也叫白起渠。《韩非子·喻志》：“楚庄王既胜，狩于河雍，归而赏孙叔敖，孙叔敖请汉间之地，沙石之处。”又据唐《史记·集解》引用三国《皇览》：“去故楚都郢城北三十里所，或曰孙叔敖激沮水作云梦大泽之池也。”故有人认为长渠为孙叔敖所修。1938年，武汉会战。1939年，张自忠驻守宜城县赤土坡，致电湖北省主席严立三，倡议修复长渠。人们为了纪念民族英雄张自忠，称长渠为荩忱渠。长渠究竟是因战而挖，还是因战而名？这与几千年来人们利用长渠抗御旱涝灾害、造福黎民百姓相比，实非紧要。这条叹为观止的古渠是楚文化恩赐的宝贵财富，早已与国家民族的历史、命运紧密连在一起，与宜城、南漳两地的经济社会发展息息相关。一根常青藤，数千年延绵不断。如今，人们利用长渠灌溉农田 30 多万亩，庇佑这一方黎民百姓旱涝保收，丰衣足食。历朝历代，人们修复长渠、利用长渠、依靠长渠，与长渠休戚与共，其文化早已融入了宜城人的血液里。按贵子贱名的习惯对长、木二渠昵称“长渠沟”“木里沟”。对白起的恨爱之情变成了千年习俗，代代相传。宜城利用良好的灌溉条件发展农业生产，20 世纪 80 年代成为全国第一批吨粮田和“双百棉”县，号称农业“小胖子”。现在，沐浴新时代浩荡的东风，宜城全力推进高质量发展，成为宜居宜业的幸福之城。宜者好也，好则宜也。宜城被誉为“一脚能踩出油”的地方。

（二）

2018 年 8 月 14 日，在加拿大萨斯卡通举办的世界灌溉工程遗产评审大会上，长渠以其独特的长藤结瓜式结构和分时轮灌管理技术，与都江堰、姜席堰、灵渠一并被认定为世界灌溉工程遗产，成为“华夏第一渠”。2020 年 8 月 14 日，中央电视台 13 频道新闻报道了长渠申遗成功的消息。2020 年 8 月 19 日，中央电视台 13 频道《新闻直播间》节目对“湖北襄阳长渠：华夏第一渠　滋养千年古城”进行了报道。长渠，再次吸引了全球的目光，也成为中国水利史上的一个传奇。令人深思的是：楚之处士孙叔敖“激沮水作云梦大泽之池也”和秦将白起引水灌鄢，史书均有记载，为什么在长渠历史的研究中却无人或很少有人关注？为什么在申遗宣传和申报时都是用白起渠之名，后被国家灌溉和排水委员会专家纠正为长渠（白起渠）？为什么申遗推荐时国家灌溉和排水委员会将长渠排在第四，而国际评审公布结果时，长渠排在都江堰、姜席堰、灵渠之前名列第一位？

（三）

2016年，宜城市人大常委会组织编撰“宜城历史文化丛书”，宜城的水文化自然是重要的内容。宜城市人大常委会正式组织对长渠、木渠进行考察考证。宜城市政协原副主席王孔庚同志，时年86岁高龄，与宜城市人大常委会主任孙纯科、文化局原局长李福新、教育局原副局长全国锋及廖明志、郝铁方、何再友等热心人士踏遍沟沟坎坎，转辗南北，大胆设想，小心求证，溯本求源，探寻究竟。历时4年，对宜城长渠、木渠进行潜心的考察考证。王孔庚老先生长期研究长渠、木渠历史文化，他抱着患有多种疾病的身体，与生命赛跑，亲自动笔撰写《华夏名渠——襄阳长渠－木渠历史考证》，情动之时，言辞激切，溢于笔端。其目的就是让人们走近长渠，更加认识长渠，更加重视长渠，更好利用长渠，使沉睡在我们身边的世界遗产焕发新的生机，迸发新的活力，释放新的效应。

在考察考证过程中，宜城市委书记郭静同志先后两次到王孔庚家中看望走访，共同商量研究，始终给予高度的重视和大力的支持。宜城市政协主席楚定立同志亲自组织宜城、南漳政协召开专题会议，讨论研究长渠的历史定位及综合利用。襄阳市三道河水电工程管理局数次到宜城进行调研，广泛听取多方面意见，并于2016年10月启动申遗工作。宜城市检察院原副检察长顾家龙多次在襄阳登台讲演长渠、木渠历史变迁，传播长渠、木渠文化，不断汇聚历史文化力量。

书稿初成后，宜城市人大常委会办公室及时将书稿呈送武汉大学肖圣中、李可可、王均星教授，他们及时为编撰工作提出了许多宝贵的意见。李可可教授还带病来宜与王孔庚老先生面对面交流沟通、交换意见，令人感动。武汉大学徐少华教授的高徒湖北省社科院尹宏斌博士看了书稿后提出了中肯意见。李可可教授、王均星教授都撰文表示对王老先生的敬佩与肯定，让我们备受鼓舞，感激不尽。

同时，我们还收集了湖北省人大原秘书长乔余堂同志在抗疫期间撰写的6篇文章（见附录一）。作为宜城人，乔余堂同志从长渠与木渠的古与今、百里长渠的古水利文化等方面，把自己研究的成果与感悟无私地呈现出来。悠悠长渠水、浓浓乡愁情，情真意切，跃然纸上。

遥望历史的远方，聆听历史回荡的声音，是那么的弥久、厚重，需要用心去追寻、品味和传承。一个国家、民族的强盛反映在经济社会的发展和人民的安居乐业中，而一个地方的经济社会发展更大程度上依赖于地方历史文化所蕴藏的最具竞争力的硬内核和最为持久的原动力。我们非专业考古研究机构，也非专业人员，只是凭着一腔热情利用业余时间尽绵薄之力，欲所抛之砖引无数金玉，这是我们的初衷。无论可否，或将为今后进一步研究长、木二渠，挖掘长、木二渠历史文化，综合治理和利用长、木二渠，激活长、木二渠历史文化原动力，助推地方经济社会高质量发展，提供新视角、新思路、新路径。

水平有限，错误不少，敬请提出宝贵意见。

宜城市人大常委会

2020 年 9 月

目录

一、从长渠申遗说起

1. 申遗成功

经过中国灌溉和排水委员会的专家学者推荐和指导，加之各级政府的重视，襄阳市水利局、三道河管理局等职能部门的辛勤工作，长渠申遗成功了。湖北省有了第一个世界灌溉工程遗产。

2018 年 8 月 14 日，在加拿大萨斯卡通举办的世界灌溉工程遗产评审大会上，中国申报的都江堰、灵渠、姜席堰、长渠被认定为世界灌溉工程遗产。在国际评审会议宣布结果的投影屏幕上，长渠排在第一位。

2018 年世界灌溉工程遗产评审会议

国际灌溉和排水委员会评审现场截图

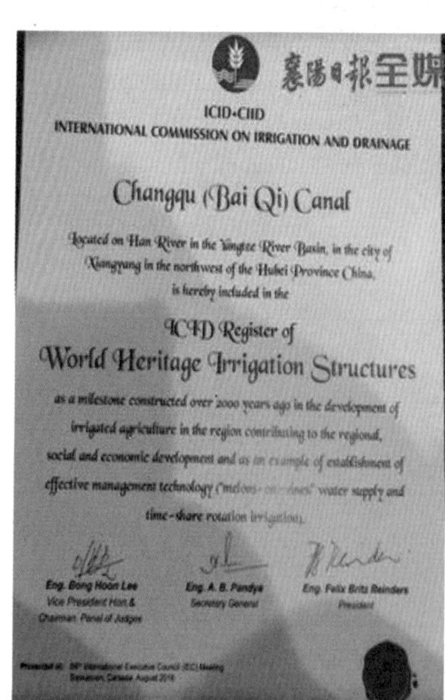
襄陽日報全媒

ICID•CIID
INTERNATIONAL COMMISSION ON IRRIGATION AND DRAINAGE

Changqu (Bai Qi) Canal

Located on Han River in the Yangtze River Basin, in the city of Xiangyang in the northwest of the Hubei Province China, is hereby included in the

ICID Register of
World Heritage Irrigation Structures

as a milestone constructed over 2000 years ago in the development of irrigated agriculture in the region contributing to the regional, social and economic development and as an example of establishment of effective management technology ("melons-on-vines" water supply and time-share rotation irrigation).

Eng. Bong Hoon Lee	Eng. A. B. Pandya	Eng. Felix Britz Reinders
Vice President Hon & Chairman, Panel of Judges	Secretary General	President

襄阳市代表在会上接受评选证书

评审证书内容大意如下：

长渠（白起渠）位于扬子江汉水流域，中国湖北省西北襄阳市。这个2000年以上的里程碑式的建筑，对地方的农业灌溉，对社会、经济发展作出了贡献，创立了卓有成效的“长藤结瓜”工程和“分时轮灌”管理的范例。

2. 世界灌溉遗产的价值及国际灌溉和排水委员会的性质

国际灌溉排水委员会（ICID）。是在灌溉、排水、防洪、治河等科学技术领域进行交流与合作的国际非政府学术组织。1950年在印度新德里成立。我国于1981年成立灌溉排水国家委员会，1983年成为国际灌溉排水委员会的会员国。

国际灌溉和排水委员会（ICID）规定：申请世界灌溉工程遗产目录，必须具有如下价值：

一是成为灌溉农业发展的里程碑或转折点，为农业发展、粮食增产、农民增收作出了贡献。二是在工程设计、建设技术、工程规模、引水量、灌溉面积等方面领先于其时代。三是增加粮食生产、改善农民生计、促进农村繁荣、减少贫困。四是在其建筑年代是一种创新。五是为当代工程理论和手段的发展作出了贡献。六是在工程设计和建设中注重环保。七是在其建筑年代属于工程奇迹。八是独特且具有建设性意义。九是具有文化传统或文明的烙印。十是可持续性运营管理的经典范例。同时，入选的工程建成投用时间，应在100年以上。

国际排灌委员会对长渠的评价突出了里程碑和经典范例两大特点，这是其他灌溉遗产远所不及的。因此在会议大厅的投影图像里把长渠的排位由末位提高到首位。长渠有2600多年历史，其悠久的历史更是其他灌溉遗产远所不及。

3. 中国水利工程遗产入选名录简介

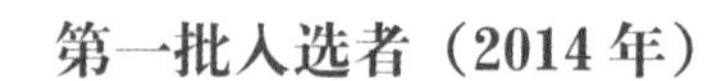

第一批入选者（2014 年）

四川乐山东风堰

新中国成立后命名，始于清康熙年间，堰龄 350 岁，灌田 7 万余亩。

浙江丽水通济堰

建于南朝萧梁天监四年（505 年），堰龄 1500 年，干渠 22.5 千米，灌田 3 万亩，是我国最早的拱形坝和水立交。

第二批入选者（2015 年）

福建莆田木兰陂

建于北宋治平年间，陂龄 950 多年，是四大古陂之一。由 30 多座石陂墩和闸门拦河蓄水，灌田 25 万亩。

安徽芍陂（què bēi）

由春秋时楚相孙叔敖主持修建的水利工程，到战国时期子思才完成。陂龄 2500 多年，历史最高灌田万顷。

第三批入选者（2016 年）

陕西郑国渠

秦王政元年（前 247 年），韩惠王行“疲秦”计派水工郑国入秦，引泾水入沮水，渠长 300 余里，灌田数万顷。其实郑国渠早已堙废，汉朝时改为白渠，唐朝时改为三白渠，都早已堙废。民国时修成泾惠渠，灌田 60 万亩。

江西吉安槎滩陂

为五代十国时后唐末年所建，陂龄 1064 年。灌田近万亩。

第四批入选者（2017 年）

陕西汉中三堰

山河堰、五门堰、杨填堰，先后为西汉萧何、宋代杨填等人修建，灌田两万多亩。

临夏黄河古灌区

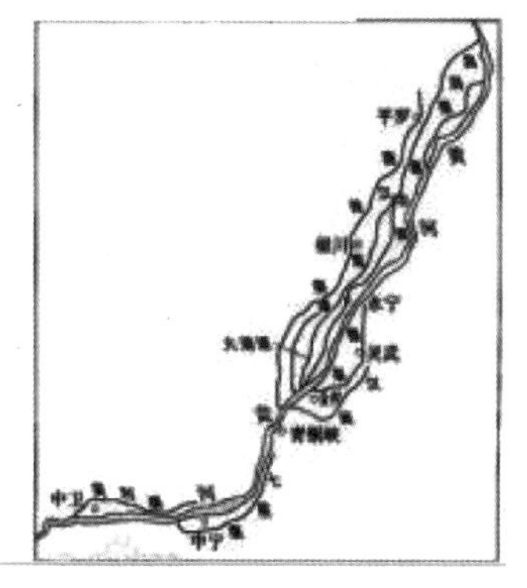

黄河百害唯富于套。引黄河水灌田始于汉武帝时，唐朝有汉渠、胡渠、御史渠、光禄渠、百家渠等，郭子仪、元朝杨守敬，新中国成立前傅作义也修过引黄渠。20 世纪 30 年代，十几条干渠总长 2600 多千米，共灌田 1.8 万顷。

福建黄鞠灌溉工程

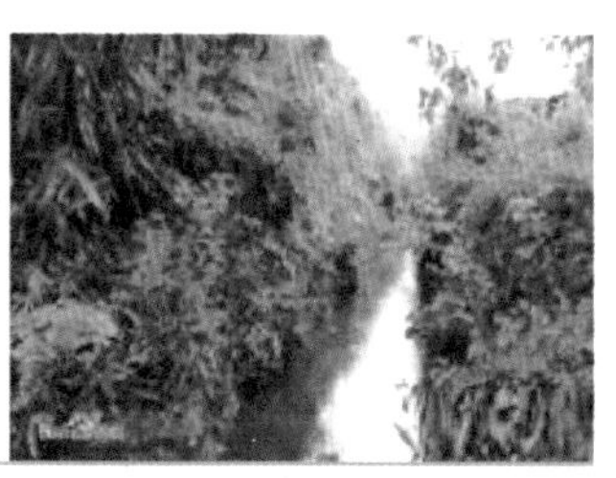

由隋朝谏议大夫黄鞠主持兴建，至今已有 1400 多年的历史，是迄今发现的系统最完备、技术水平最高的隋代灌溉工程遗址。渠长 10 千米，灌田两万亩。

第五批入选者（2018年）

都江堰

秦昭襄王五十一年（前256年），蜀太守李冰父子修建的岷江水利工程，由鱼嘴分流、飞沙堰冲沙溢洪、宝瓶口引水三大工程构成。灌田66.9万公顷，灌区达40余县，使四川成为天府之国。其历史、文化、工程地位是无与伦比的。

襄阳宜城长渠

长渠是楚庄王名相孙叔敖为引漳沮之水灌汉间沙石之地而开挖。他在公元前596年测量设计，施工不到两年孙叔敖病疽而亡，后续工程在庄王死后才完成。在大型引水工程上，时间最早，堪称华夏第一渠。在春秋战国时代的水利工程中只有都江堰、郑国渠可与之相比。

4. 中国国内属于引水、蓄水的世界灌溉工程遗产

（1）春秋战国时期修建的水利工程

春秋战国时期修建的水利工程比较表

渠名	年龄	规　模	效率	工程特点	经验	对后世影响
芍陂	2617	又名安丰塘，周长 25 千米，蓄水近亿立方米	灌田 4 万公顷	利用地形高蓄低灌	筑堤围堰	天下第一塘，蓄水灌溉的典范
楚木渠	2700	引水长 36 千米	灌田 700 顷	拦河引水	拦河引水	筑坝引水，中国最早的引水灌溉渠道
长渠	2615	长 47.5 千米	灌田 30 万亩	筑坝开渠、引蓄结合的里程碑	立碣、壅水、筑巨堰	筑坝引水、引蓄结合、分时轮灌的典范
汉木渠	1890	引水渠长 13 千米	灌溉 6000 顷	筑巨堰、凿山脊引水	通旧陂四十有九	筑坝引水，同一河流梯级开发的先例
都江堰	2275	中国最大规模的引水灌溉工程，灌区达 40 余县	灌田 66.9 万公顷	鱼嘴分江，宝瓶凿口，旋流冲沙	深淘滩、低作堰	世界水利的奇迹工程。无坝引水的先例
郑国渠	2265	长 300 余里	灌田 4 万顷	引泾水，汉有白渠、唐有三白渠、现在是泾惠渠	注填淤之水，溉泽卤之地	有利于秦始皇统一全国。后世为关中最大水利建筑

建于春秋时期、现在仍在使用的引水灌溉渠道，只有都江堰与长渠两大工程；拦河筑坝引水始于楚木渠；遗留至今的工程最早是长渠（前 596 年）；无坝引水，最早是都江堰（前 256 年）。然而长渠比都江堰早 340 年。

都江堰的经验是深淘滩、低作堰。滩不深淘，水进不了宝瓶口的主渠道；飞沙堰高，不仅不能冲沙，还不能泄洪。这是根据地形与水文的

特殊条件设计的奇迹工程，世界上没有第二个都江堰。

长渠的经验是“立碣、壅水、筑巨堰”。这是拦河筑坝、开渠引水、引蓄结合的典型经验，为后世所广泛借用。

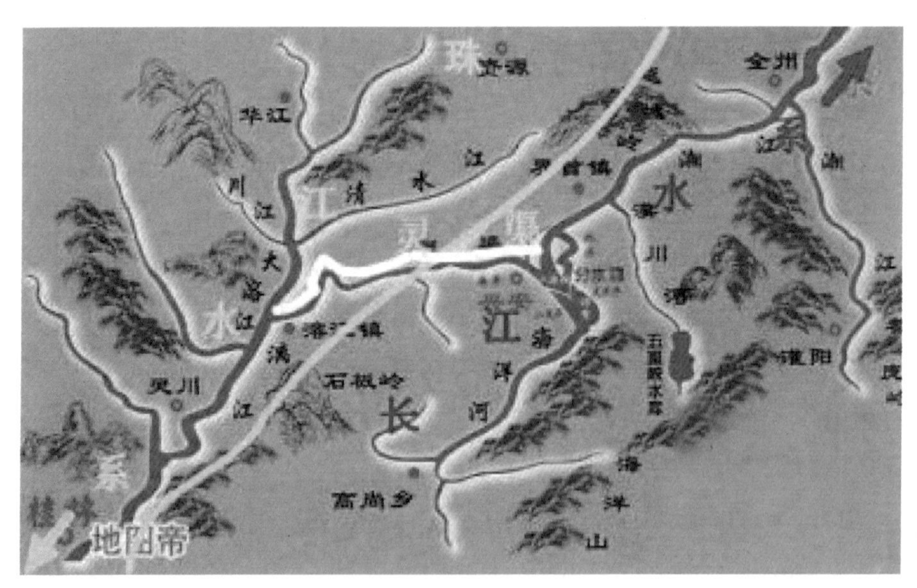

灵渠连接湘江和漓江示意图

其他所有灌溉工程都有各自不同的特点，但是都没有长渠具有典型性和广泛的代表性，而且它们都在长渠之后。长渠在抗日战争时期由张自忠倡议修复。新中国成立后第一个修复的最古老的水利工程也是长渠。

姜席堰

（2）灵渠

灵渠是秦始皇下令开凿的最古老的运河，它连接了湘江和漓江，沟通了中国南北水系。铁路交通兴起后灵渠才转为灌溉渠道，因此国际排灌委这次把它排在末尾。

（3）姜席堰

浙江龙游姜席堰始建于元朝，至今有680年历史，由姜、席两堰组成，干渠总长19千米，灌田3.5万亩，是一个山溪地方工程。

长渠的历史早于姜席堰近2000年，渠长是它的2.5倍，灌田是它的近10倍，排名却在它的后面，笔者认为可能与研究者把长渠定位成白起开创的战渠，而不是孙叔敖开创的灌溉渠有关。这说明我们对长渠、木渠的历史研究上远远不及浙江衢州市。笔者之所以把中国所有获得国际灌溉工程遗产的条目都一一列举，目的就是引起我们对长、木二渠的历史研究和正确宣传的重视。

二、长渠简介

1. 襄阳地区的气象和农业

长渠申遗成功后，中央电视台进行了报道，央视记者来到襄阳进行了实地采访报道。襄阳地处鄂西北，全年降雨量平均 900 毫米，降雨量分布不均，对水稻等农作物生长相当不利。然而襄阳成为长江流域第一个粮食超百亿斤的地市，这要得益于水利灌溉工程，尤其得益于新中国成立后各市、县的水利建设，其中长渠的作用只占 2.5%。但是长渠是春秋时代开始，作为楚都大郢、为郢、湫郢、鄢郢（都在宜城境内）的农田水利设施，是断续延长 2600 多年的最古老的大型引水灌溉工程，是水利史发展的里程碑，是后世水利的典范。

2. 长渠的由来

2020 年 8 月 19 日央视新闻记者介绍说，长渠又名白起渠，据史料记载，是战国时秦国名将白起为进攻楚皇城而开挖的战渠。楚国灭亡后变为农业灌溉用渠。这是人们对长渠的普遍认知。

然而笔者查阅史料后认为，由于个别人对史料理解有偏差，影响到长渠申遗工作走过一段弯路，以至于把长渠定性为白起开挖的战渠。中国灌溉与排水委员会虽然把申报的名称纠正为长渠了，因为定性为战渠，后用以灌溉，不得不把它排在末位。

而长渠本是楚都的农用灌溉渠道，被秦将白起引水灌鄢时利用为战渠，这是白起在化犁为剑。至于说后世用以灌田是化剑为犁，则与白起无关。说它是白起为作战而开挖，长渠为白起所开创，则不能成立。1000 多年来没有人专题研究过长渠历史，都是根据传说，世代因袭，人云亦云，误传至今。

3. 长渠的工程特色

记者简要而且生动地介绍了长渠工程最主要的特色是引蓄结合，也叫长藤结瓜。长藤结瓜一词出自 1957 年大办水利的高潮时期襄阳地委书记赵修的一篇文章。赵书记写此文缘于两点，一是从楚木渠的通旧陂四十有九得到启示，二是从均县李大贵开渠引水、引蓄结合的经验中形象地提出要建立西瓜秧式的水利系统。赵书记的这篇文章在《人民日报》发表时，编者按语称赞这是一篇合乎马克思主义的文章。为什么要结瓜，道理很简单，家家户户过去都用水缸储水，现在有自来水了也得有个储水罐以备停水之用。长渠所结的瓜有 10 座水库，2161 口堰塘，总蓄水量达 3000 万立方米，占总灌溉水量的 15%。下图就是长木二渠结的部分大瓜。

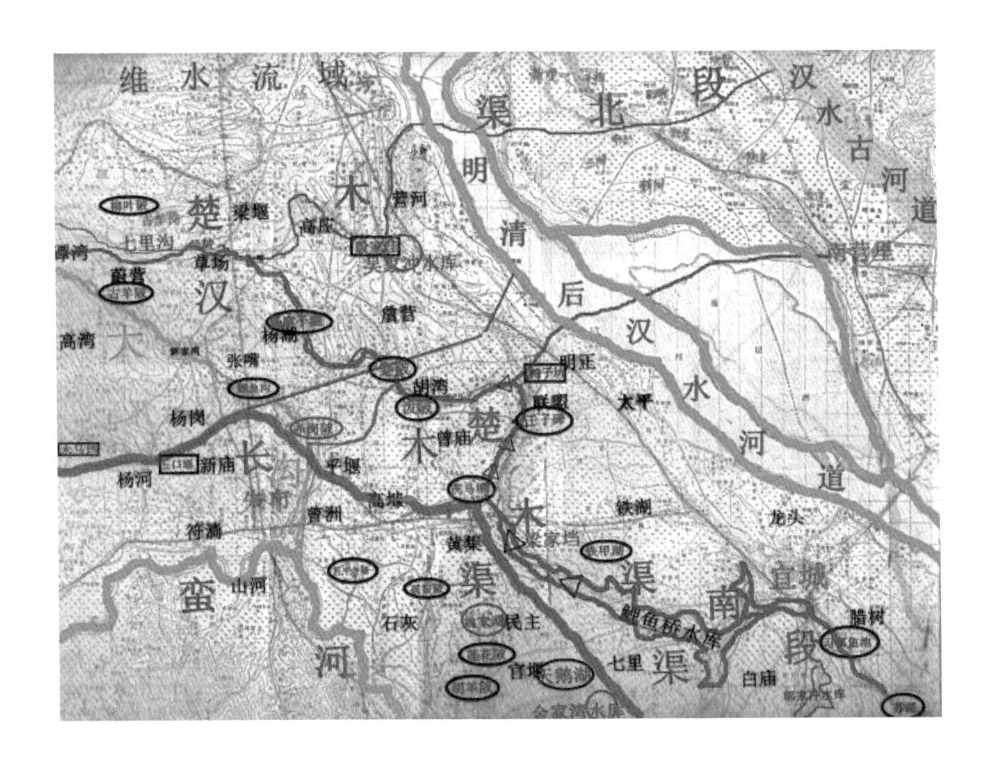

4. 长渠的管理典范

2020 年 8 月 19 日，央视新闻频道报道了长渠干渠三大灌区的分时轮灌。古时长渠、木渠是并联成网的，可以互相补充水量，水的调度管理比现在更为复杂。先有北宋的孙永制定长渠管理制度，后有朱纮修复木渠后把管理条文刻在壬子碑上。

长渠引的是河水，都江堰引的是江水。江比河大数十倍。长藤结瓜和分时轮灌的工程技术解决了水源不足问题。在全球淡水资源缺乏的今天，节约用水以达到最大灌溉效益，这样的工程技术也是先进的。

由于蛮河对长渠的供水量和长渠最大的通水量只有灌区同时需水量的三分之一，水利工程人员才想出在干渠上建三座节制闸，把干渠分为三段、灌区分为三部分，分时轮灌。

2020 年 8 月 19 日央视新闻频道画面截图

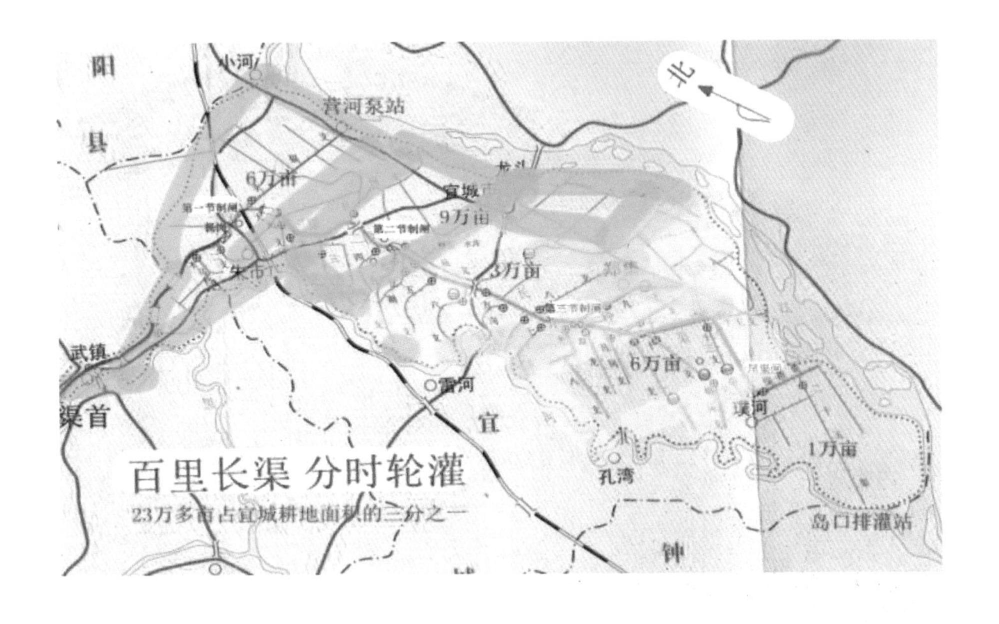
阳
县
小河
营河泵站
北
6万亩
宜城市
9万亩
第一节制闸
第二节制闸
朱市
3万亩
第三节制闸
武镇
6万亩
雷河
渠首
璞河
宜
1万亩
孔湾
百里长渠 分时轮灌
23万多亩占宜城耕地面积的三分之一
岛口排灌站
钟

第一节制闸
位于杨岗新庙间 闸门关闭上段水位提高 可灌溉一支渠、木马垱
支渠等南漳6500亩；可灌二支渠、幸福支渠等宜城55000亩，
第一节制闸控制灌溉面积 6.15万亩

长渠二段节制闸

位于黄集民主交界处，[illegible]四支渠，[illegible]

长渠三段节制闸

位于郑集魏岗，控制五至八支渠，灌田3.15万亩。

现在又增加尾渠节制闸，岛口排灌站，灌田 3.31 万亩。

长渠的工程还有以下特点：

（1）长渠和木渠是紧密相连不可分割的灌溉体系。

（2）木渠源头灵溪堰在上，木渠是高干渠；长渠的源头在下，是低干渠。长、木二渠是同一条河流上梯级开发的先例。

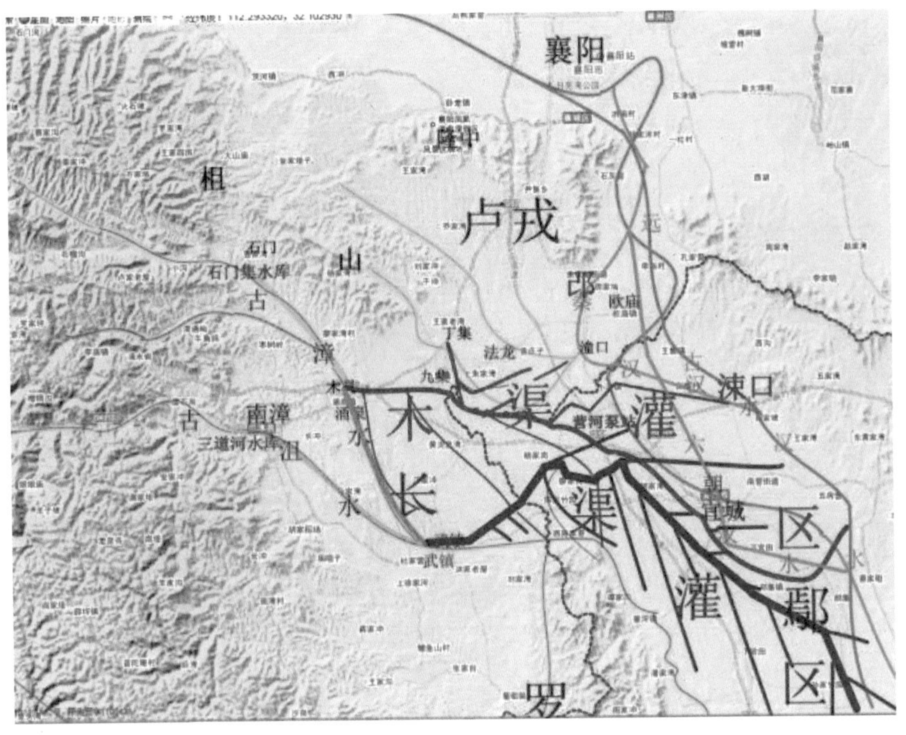

长渠、木渠的源头蛮河／灵溪堰

（3）长、木二渠不是孤立的，它们在宜城境内并联成网，互相沟通，组成灌溉网络。

（4） 长、木二渠是从古至今不断发展完善的系统工程。

①从开辟水源来说

三道河水库工程于20世纪60年代上马。南宜两县3万民工，奋战5年，建成蓄水1.5亿立方米的大型水库，平均每年向长渠多供水8000万立方米，比原来增加54%。三道河是蛮河干流的蓄水库，也是长渠水源的稳定补充库，补充了长渠一半的用水。

“文化大革命”时期襄、南、宜三县民工修建了石门集水库，等于把木渠源头从涌泉铺提高到石门集。九集高干渠的水通过五级跌水，灌溉宜城原来的木渠灌区。

南漳三道河水库

南漳石门集水库

为保证大旱之年长渠的水源供给，70年代修建了营河泵站，现有电动抽水机6台，装机容量2400千瓦，扬程22米，流量7.5立方米/秒。长渠有了汉江的补充水源，可从东西两头进水。这是举世无双的特点。

长渠渠尾有护洲村七组罗家岗至石孙村一组李家营排水闸。20世纪70年代末80年代初，长渠渠道进行续建配套时，改造取直长度11.5千米，岛口建设排灌站，既能抽水灌溉，又能排涝。排灌站采取一路（宜岛路）双渠，路东是排水渠，路西是灌溉渠，从岛口至轩庄村灌溉渠有落差，轩庄九组至李家营一段为平渠和长渠上游的来水汇集后向西向东分水灌溉，受益6个村，面积3万余亩。岛口排灌站设计6个机位，已装4组，装机容量630千瓦；扬程15米，流量6立方米/秒。蛮河堤进水涵闸最大流量14立方米/秒，长渠渠尾又有了从蛮河的补充水源，在东西两边补水的基础上，

长渠在汉江的补水点：营河泵站

长渠尾段灌溉示意图

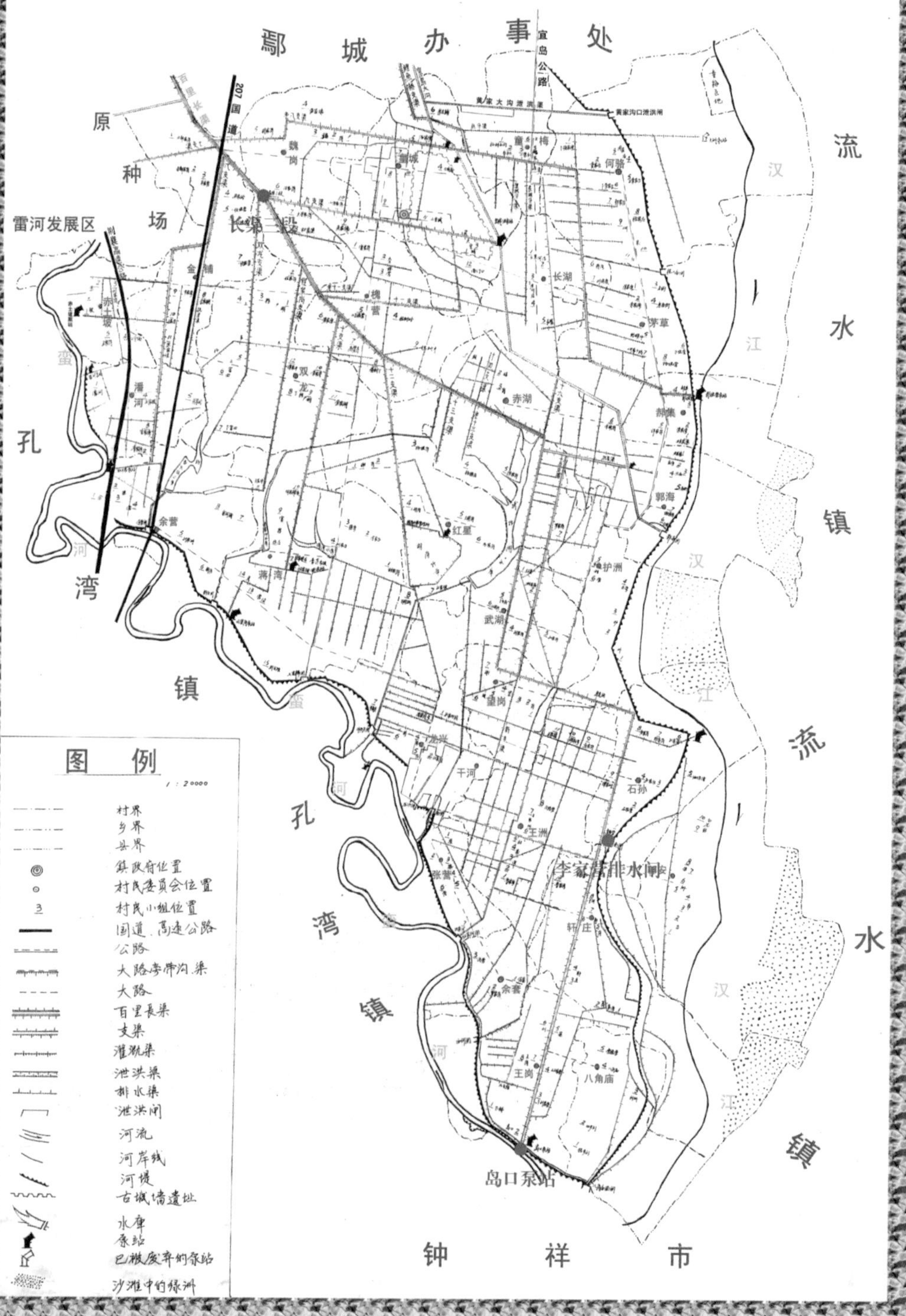

郢城办事处

宜岛公路

207国道

原种场

雷河发展区

长渠三段

魏岗

郢城

童梅

何骆

长湖

槐营

茅草

双龙

赤湖

潘河

郝集

孔湾镇

余营

红星

蒋湾

郭海

护洲

武湖

董岗

干河

石孙

王洲

张营

李家营排水闸

轩庄

余营

王岗

八角庙

岛口泵站

流水镇

汉江

蛮河

钟祥市

图例

1:20000

村界

乡界

县界

镇政府位置

村民委员会位置

村民小组位置

国道 高速公路

公路

大路旁带沟渠

大路

百里长渠

支渠

灌溉渠

泄洪渠

排水渠

泄洪闸

河流

河岸线

河堤

古城墙遗址

水库

泵站

已被废弃的泵站

沙滩中的绿洲

又从尾部补水，这又是一大特点。

②从节约用水来说

一般说来，人工开挖的土渠，输水渗漏的损失在1/3左右。长渠每年的渗漏损失达2700万立方米。因此要用混凝土砖块逐段衬砌。支渠、斗渠也大部被衬砌。

分时轮灌，是从宋朝就有的制度。现在的节制闸由三个又增加了尾

长渠干渠大挖方处的护坡工程

节水改造工程——衬砌后的干渠

渠闸和岛口排灌闸，灌区由三个细分为五个，也逐渐在改变大水漫灌的方式。

③从汉江圩区排涝看

长、木二渠的灌区，在红山头以下进入 168 平方千米的汉江圩区，面积只占全宜城的 8%，居民却占总人口的 32 %，现在高达 50% 以上。现在宜城城区的一半在圩区。春秋战国时期的楚都在圩区，繁华如“犹先秦之邯郸，明清之秦淮”的大堤城（著名历史学家严耕望《唐代交通图考》）在圩区。汉江西岸的圩区是宜城的“精华”地带，可是它的排水防涝问题至今没得到根本解决。国际排灌委员会是把排水与灌溉同等重视的。圩区排涝工程等待我们去建设。特别是雅口电站蓄水后，圩区不少地方在汉江水面以下，排水问题显得更为紧迫。这也说明长渠是一个要不断完善的系统工程。

襄阳宜城百里长渠是有 2600 年历史的华夏第一渠；是引水灌溉工程的里程碑；它的“立碣、壅水、筑巨堰”是后世广为借鉴的经验；它的引蓄结合、长藤结瓜式的工程特点是得到广泛推广的样板；它是分时轮灌的管理范例，它更有节约用水的先进理念；它是同一水系梯次开发的先例；它是长、木二渠并联成网组成同一灌溉系统的典范；它是从古到今不断发展完善的系统工程；它是楚文化遗留的瑰宝之一，它的历史文化价值将成为宝贵的旅游资源。这次列为世界灌溉工程遗产，只肯定了长渠的华夏第一渠、里程碑、长藤结瓜、分时轮灌四大意义，这已经够辉煌了！但是梯次开发、并联成网、系统工程、历史文化价值尚待进一步研究发掘。

三、长渠历史考证

1. 传统说法

百里长渠又叫白起渠，是公元前 279 年秦将白起引水灌鄢（宜城楚皇城）开挖的战渠。白起因功被封为武安君，渠首因此得名武安堰，就是南漳武安镇的来历。此说见于历代文字记叙，又有唐宋八大家之一的曾巩《襄州宜城长渠记》一文为依据。还有流传在宜城多种版本文集中唐朝诗人胡曾《咏长渠》，这个版本甚至在襄阳、宜城的一些正规出版物中也得以引用，众口一词似乎不可动摇：

武安南伐勒齐兵，疏凿功将夏禹并。
谁谓长渠千载后，蛮流犹入在宜城。

“武安”指武安君白起，可是白起当年还是大良造，次年攻下郢都把楚襄王赶到陈（淮阳）后他才得到封号武安君。“勒”当驾驭、统率讲，“齐”不仅有整齐划一的意思，还与齐国相混，因白起率秦军攻楚，所以应说“勒秦兵”。“疏凿”指开挖长渠。诗的价值只有后两句，长渠千载后还在宜城发挥作用。经查《全唐诗》第 647—45 卷结果，此诗不但题目不对，正文也错了“齐”“蛮”“在”三个字。说明千年来并无人对长渠认真考证过，都是人云亦云，以讹传讹。经查《全唐诗》第 647—45 卷原文，此诗正确的内容如下：

咏史诗·故宜城

唐 胡曾

武安南伐勒秦兵，疏凿功将夏禹并。
谁谓长渠千载后，水流犹入故宜城。

胡曾是湖南邵阳人，多次考举人落第，就给各节度使当文书。爱漫游，每到一处就作一首七言绝句，咏史喻今。乾符五年（878 年），高骈徙荆南节度使，胡曾从赴荆南。这首咏长渠的题目叫《故宜城》，故宜城指的是楚皇城，该咏的历史太多了，胡曾的《汉江》：“汉江一带碧流长，两岸春风起绿杨。借问胶船何处没，欲停兰棹祀昭王。”胶船是管仲佐齐桓公到楚国来兴师问罪的理由，责问楚人，周天子南巡渡汉江时，为什么用胶粘的船把天子淹死？楚成王答以那你去问当年汉水边上的人，我楚人当年还在远离汉水的荆山筚路蓝缕以启山林，胶船与我无关。管仲又用武力示威，楚王以楚国以方城为城，汉水为池，齐国这点儿兵力无济于事，把齐国顶了回去。楚成王能有对抗春秋第一霸主的实力，就是发展生产，足食足兵。楚木渠就是这时开凿的。“欲停兰棹祀昭王”是套用韩愈的“唯有楚人怀旧德，一间茅屋祀昭王”。归结为一句话，胡曾是个诗人，他既不是历史学家，也不是水利专家，他的诗无非是借题发挥，不是历史考证。

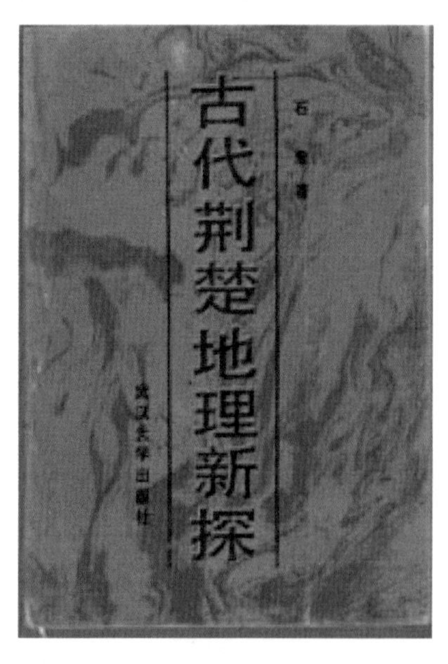

武汉大学教授石泉先生著《古代荆楚地理新探》一书封面

2. 反传统说法

首先否定传统说法的是武汉大学教授石泉，他以唐朝以前历史文献没有长渠记载，认为长渠是魏晋六朝以前的古漳水，也就是蛮河的故道。

后来，《长渠志》选有石泉教授的《襄宜平原上两个著名的灌溉渠道——长渠、木渠》一文，说“长渠由白起创修这一古老传说，至少可以反映出长渠历史的悠久”。石泉教授在这篇文章中对自己以前认为长渠是古漳水的故道的说法作了修正，认为白起修渠仅仅是传说。

石泉是国家一级教授，是武汉大学历史地理研究所的创始人。他打破了传统说法江陵纪南城是唯一郢都等楚史研究的千年迷雾，把楚史研究的重心聚焦到蛮河流域。笔者当年称赞他的这本书是楚史研究的李四光理论。同时笔者也认为书中指认鄢水是潼口河，大堤城、古宜城在小河镇以东现在崩入汉江里了，古代江陵、当阳在宜城境内等观点是矫枉过正了。笔者先后在《古长渠与古木渠》《楚国历史的轨迹》《宜城历史地理九论》中作了考证。第二个反传统说法的是武汉水电学院教授黎沛虹等人。黎沛虹教授认为水引百里之遥，已经是强弩之末，白起何以能以水代兵，冲破鄢城。黎教授不仅是水利史专家，而且是位诗人，发表有诗作《清韵新集》。在为《长渠志》编辑出版时，他填词一首：

咏长渠

黎沛虹

直自强秦窥楚后，今日武安渠上月，
江山一壁多姿，清光还似旧时。
殷物阜万乘师。人间几度谱新词。
三呼山岳动，古迹流芳处，
一指下城池。应是采琼芝。

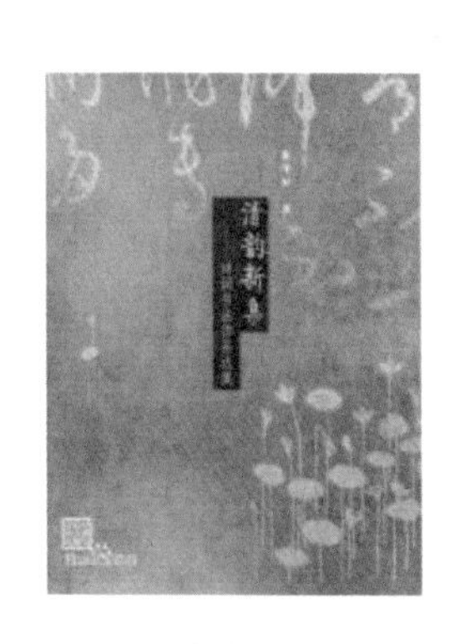

可见黎教授不仅认可了白起引水灌鄢的历史，而且对白起的万乘师歌颂得无以复加。他从反传统完全回归到了传统。

笔者始终坚持白起渠不是白起开创的战渠，白起不过是利用了楚国的灌溉渠道，引水灌鄢，淹死楚国

军民数十万人而已。这个观点在 1993 年已经提出，并刊载在当年宜城政协的《宜城文史资料》上，被人们认为证据不足而被忽视。

在千年古县研讨会上笔者的发言题目就是《白起渠不是白起开创的》。李可可教授说这个论点若能站得住，将要改写水利史。

3. 考证长渠（白起渠）是不是白起开创的

（1）真理一定合乎实际

曾巩的白起开创长渠说，与以下实际条件不相符：

①时间不允许，秦昭王二十八年，白起攻楚，连下鄢、邓五城，一年内接连打 5 仗，他哪有时间挖渠？百里长渠不是一两年能挖成的，因此曾巩说长渠是白起当年开挖的不合历史实际；白起利用楚国已有的灌溉渠道引水灌鄢才符合实际。

②秦人没有开挖大型引水渠的经验，挖引水渠不是挖战壕，高一分一厘水不得过，低一分一厘水流不出。勘测设计是开挖施工的前提。秦

从汉江引水灌鄢选线图

国的引水渠是秦始皇时韩惠王为了消耗秦国的国力，而派一个名叫郑国的人（是水工）去开挖的。阴谋暴露后，秦始皇没杀郑国，是因为杀了他秦国没有会修渠的人才了。秦始皇时秦国还没有水利人才，难道秦昭襄王时代的白起就会挖长渠？

③白起既然是开渠引水灌鄢，为什么舍近求远、舍易求难、舍大求小？

秦人白起深入楚国内地作战，一个外地人，初来乍到，要不是看到目标周围有灌溉渠道，他是想不到用水攻楚的。用水攻可以有两个选择：一在楚鄢以北19华里处，破汉水河堤。二是挖2米深的引水渠直接开渠灌鄢。无论从哪项条件对比，在汉水决堤引水，都优于开挖长渠。除非白起看到有现成的长渠可用，才没有另外决汉江堤引水。这说明长渠是灌溉渠道，不是白起开创的军事战渠。白起无非是利用长渠，淹死了楚国数十万军民，拔掉了鄢这个重镇，从而占领楚郢纪南城，焚烧楚先王陵墓，把楚襄王驱逐出楚人的根据地，动摇了楚国的国本，才使长渠出名而已。所以长渠因战而出名，非因战而开挖。现在的南营街道办事处三桥村的小营子的黄海高程是55.2米，最高处楚皇城宫殿区的高程是54.5米，南门口的高程是53.2米，水门是引长湖水进入小皇城的护城河的通道，海拔48米，大皇城内不少地方海拔低于50米。所以从小营子引来的汉江水，可以把楚皇城的大部分地区淹没2米深。假若小营子不适于引水，就逐步向汉水上游找可以决堤引水之处，都是在平坦的汉水河谷内挖渠，比穿越山岗地挖渠容易百倍，白起会舍易求难吗？

（2）真理一定合逻辑

在曾巩笔下白起首先利用蛮水开创长渠这个结论之前，《水经注》只说白起引水："夷水又东注于沔。昔白起攻楚，引西山长谷水，即是水也"；最早记载长渠的《元和郡县图志》也只说："昔秦将白起攻楚，引西山长谷水两道争灌鄢城。"那么引水与开渠是同一概念吗？概念反映事物的本质属性，引水是利用水性向下的规律，把水导引至目的地。这是引水概念的内涵；引水包含疏和凿两种方式，利用自然沟溪引、利用旧有渠道引和开渠引三种不同方法。它们叫概念的外延。用外延中的

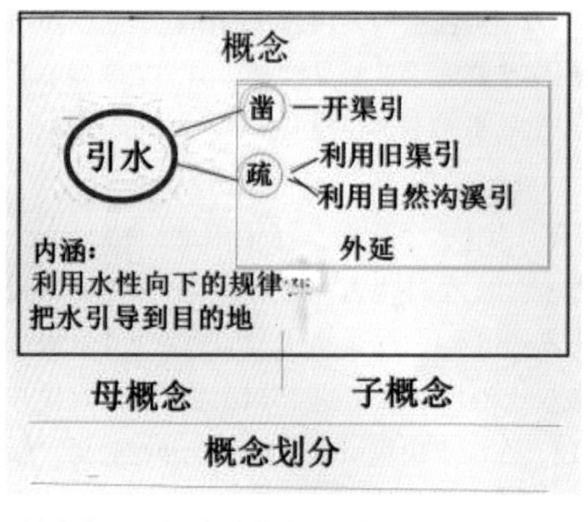

引水与凿渠、疏渠概念的内涵和外延逻辑关系图

任何一个去取代内涵，以开渠代替引水叫以偏概全。从概念划分看，引水是种概念，其外延是属概念，它们是母子从属关系；或者说白起引水实际有利用旧有渠道与开创新渠道两种可能，究竟是开新渠还是利用已有渠道，得考证才能下结论，起码得说出根据。可惜曾巩只是位文学大师，他不是历史学家，更不是水利专家，他没说出任何根据，就把引水概念换成了开渠，这叫不合逻辑。

（3） 实践是检验真理的唯一标准

修复长渠是有详细记录的历史实践。且不说抗日战争时期，长渠复修工程断续施工四年没有成功。单把中华人民共和国 1949 年 10 月 1 日成立后有关修复长渠的记录，摘要如下：

1949 年 10 月 26 日湖北省向中央水利部申请修复长渠。

1950 年 1 月中央人民政府批准施工。3 月，省水利厅派 2 个工程队现场勘测，到 7 月底在抗战时测量的基础上用 4 个月完成工程测图任务。复测、设计又费时半年。同年秋，省又增派一个施工队。开始渠首工程（渠首筑坝、建闸专业技术工程开始）。

1951 年 10 月湖北省增派一个工程队进驻工地加强渠首工程。干渠建筑物由 7、8 两个工程队承包。

1952 年 1 月宜、南两县 4 万民工全线开工。

1953 年 4 月 15 日完工，5 月 1 日通水。

从 1950 年到 1953 年全部工程用 3 年时间才完成土方工程。难道 2297 年前的白起比人民政府的本事还大？白起在一年内连打五仗的情况下，能在几个月内开创长渠实属不可能。所谓白起对鄢久攻不下，才观察地形然后派 8000 人在 3 个月开创了长渠，以水代兵攻下鄢城，这类说法无非是主观想象。白起开创长渠的传统说法，经不起实践检验。

有人会强辩说，新中国成立后修的是永久工程，所以得 3 年时间；而白起修的是战渠，是临时的军事工程，可以省工、省时。此话貌似有理，但是勘测设计不可省，干渠的土方工程不可省。古今的生产力不可比。

①古今施工效率对比。工欲善其事，必先利其器。效率比较具体化为施工器材和工具的对比。大禹治水用的测量器材是伏羲时代发明的矩，也就是木匠用的角尺，仰以测高，俯以测深，平以测宽。到孙叔敖修水利时，要准确地测量高程了。根据“平不过水，直不过线”的道理，发明了原始的水准仪。瓦盆盛水是基座水平，木碗盛水是水准气泡水平，利用碗的边缘瞄准标尺，三点成一直线，是墨子给直线下的定义——“直，三相一也。”这与现代水准仪测标高差的原理是一样的，只是没有望远镜，测视距离不及现代水准仪的 1/10，也就是说其效率不及现代的十分之一。现代测量长渠一次要一个月，古时得 10 个月。

正像 30 倍光学水准仪

瓦盆盛水气泡水平标准尺

②施工工具对比。当年有铁锹、铁锤、钢钎、炸药，古人处于青铜时代，连秦始皇兵马俑里的兵器还都用的青铜。挖土工具是耒耜（木锹），了不起底下安两个青铜套。其挖土开渠的效率又只是现代的几分之一。现代修复长渠就用了 3 年的时间，白起能在几个月内开创吗？

耒耜（木锹）

（4）长渠究竟是谁开创的

既然白起只是利用了楚国原有的灌溉渠道引水灌鄢，那么楚国原有的灌溉渠道又是谁修的？只有一人——孙叔敖。

①孙叔敖是中国最早的水利工程师

孟子说：“孙叔敖举于海。”楚人把大水库叫海子，意思是孙叔敖长于水利才被举拔当宰相。

《荀子·非相》记载：“楚之孙叔敖，期思之鄙人也，突秃长左，轩较之下，而以楚霸。”意思是孙叔敖是期思乡的平头百姓，身材短小又秃顶，而佐楚庄王成就了楚国的霸业，所以不能以貌取人。孙叔敖的父亲蒍賈曾任工尹（相当于现今的建设部长），在担任大司马的任中与令尹斗越椒交恶被杀；孙叔敖的哥哥蒍艾猎在沂邑（今河南正阳县境）筑城，3月而毕。可见孙叔敖是生长在一个有土木工程传统的世家，居住在河南固始县的期思镇（期思镇1952年划归淮滨县）。

淮滨县孙叔敖纪念园

《淮南子·人间训》载：“孙叔敖决期思之水而灌雩娄之野，庄王知其可以为令尹也。”这是文献史料关于最早的灌溉工程记载，被古今学者越解释越糊涂，不如用卫星照片，直接作影像判读。期思位于大别山以北50千米，地势南高北低。东南有发源于大别山的淮河支流白鹭河；期思镇在天然水沟的南岸，水沟向东北汇入期思之水；期思之水向东汇入白鹭河；白鹭河向北汇入淮河，淮河流经中原地势低的漕地。孙叔敖挖了一段3千米长的渠道，把期思之水引入天然水沟，并在水沟上逐段作堰挡蓄水灌田。灌溉区域不大于20平方千米，叫雩娄之野。雩是天旱求雨的意思，娄是祈雨祭天土丘。雩娄之野不是《左传》襄公年间吴楚争夺的地理名词。

被孙叔敖筑坝截断期思之水的一段不足 2 千米的河道叫死河，而不是发源于金寨流经固始县的史河。青年时代初出茅庐的孙叔敖，只有能力开一条 3 千米长的引水渠，这就够了不起了，它就是中国的水利灌溉之始，它也是百里长渠之前的初试牛刀之作。没有这条3千米长的渠道实践经验，就不可能有百里长渠的大作。这就是百里长渠是孙叔敖开创而不是白起开创的根据之一。孙叔敖的这个开山之作，一直使用到现在，而且两千多年的堰垱，全被现代化的节制闸取代。期思镇就建立在西周蒋国的遗址上，那是蒋姓氏族的来源地。

《水经注》载："陂周百二十许里，在寿春县南八十里，言楚相孙叔敖所造。陂有五门，吐纳川流，西北为香门陂，陂水北径孙叔敖祠下，谓之芍陂渎。"芍陂现在叫寿县安丰堰，是灌田万顷、惠及如今的巨大水利工程，是孙叔敖在当令尹时留下的杰作。所以后人为他建祠堂敬奉。

1950 年淮河水灾，毛主席题词："一定要把淮河修好。"毛主席在视察淮河时，多次称赞孙叔敖是历史上杰出的水利专家。

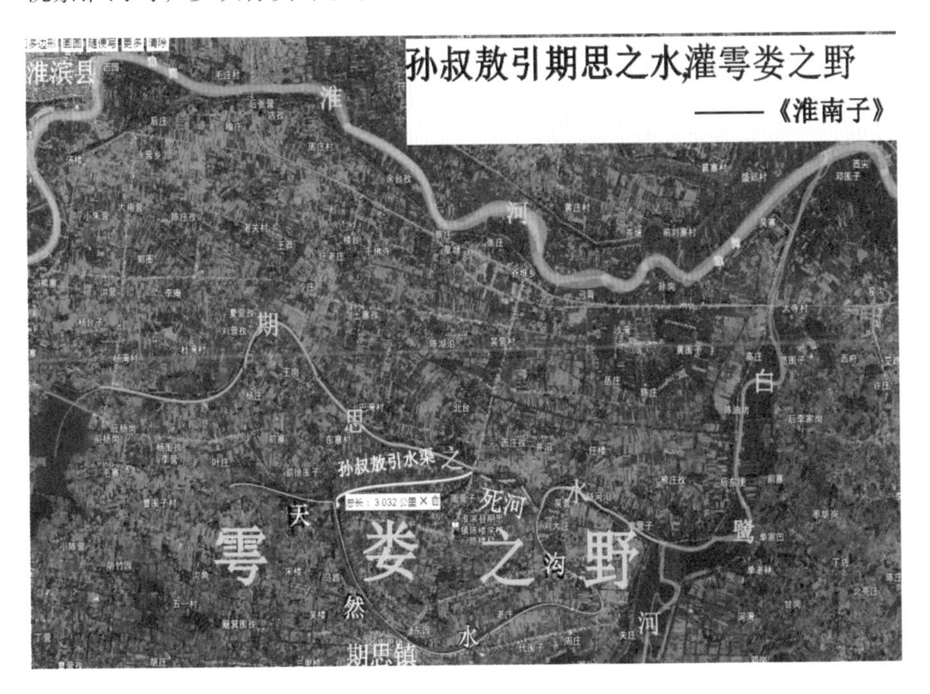

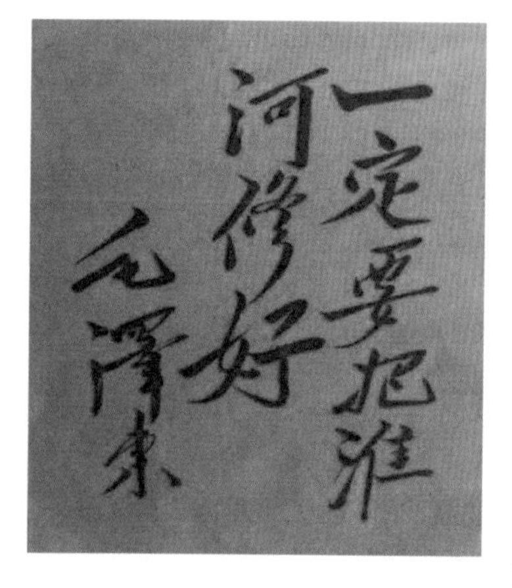

要是反对长渠是孙叔敖所开凿总得找出一位比孙叔敖更卓越的人来。

②孙叔敖与楚都

《史记·循吏列传》记载："孙叔敖者，楚之处士也。虞丘相进之于楚王，以自代也。"说明孙叔敖是令尹虞丘子推荐给楚庄王的。虞丘子当令尹前是沈尹，名筮。与青年孙叔敖是老乡，也是他的亦师亦友。受楚史江陵唯一郢都论的影响，有关孙叔敖的传说都有江陵一带的色彩，如《荆门直隶州志》记有孙叔敖是荆门白土里人。如今沙市中山公园里还有他的坟墓。假若楚都只在江陵，孙叔敖从来没到过鄢郢，那么长渠是孙叔敖修建只有免谈！

《清华简·楚居》记载："至庄王徙居樊郢，樊郢徙居同宫之北。若敖起祸，焉徙居蒸之野，蒸之野□□□，□袭为郢。"说的是公元前613年楚庄王继位就遇到宫廷内乱，他避居到樊郢，三年不飞不鸣。庄王七年饮马黄河、问鼎中原，徙居同宫之北。庄王八年，令尹斗越椒杀司马蒍賈。蒍賈是孙叔敖的父亲，此时孙叔敖正在家乡修建期思水利工程。令尹斗越椒是若敖氏家族，其来源是春秋初期，熊仪死后被尊为若敖，若敖居箬，就是以后宜城东南的鄀县，后又叫乐乡。若敖娶妻于邧，生斗伯比，是斗氏之始。若敖之子熊坎立，为霄敖，霄敖居宵（荆门子陵）。熊眴称王后取名蚡冒，蚡冒居住在粉（今湖北谷城、保康交界处的南河上游），是蒍氏的祖先。蚡冒的弟弟就是楚武王（熊通），从宵（荆门子陵）来到宜城郭家岗建立郢都。若敖氏比蒍氏资格老，斗越椒见庄王信用蒍賈，就杀死蒍賈，发动叛乱。庄王平定若敖氏叛乱后，在位第9年才"（复）袭为郢"。袭当承袭讲。并于次年举孙叔敖为相。孙叔敖在令尹10年任中，楚都均在为郢，为郢在宜城楚皇城一带的考证先前已作出。

③孙叔敖的封地与长渠的关系

a. 孙叔敖对封赏的态度。《韩诗外传》中孙叔敖遇狐丘丈人一节有"吾爵益高，吾志益下；吾官益大，吾心益小；吾禄益厚，吾施益博。”而刘向的《说苑》中写的是“禄已厚而慎不取”。

b. 孙叔敖的封地在汉水河谷的沙石之地。《韩非子·喻老》载：“楚庄王既胜，狩于河雍，归而赏孙叔敖，孙叔敖请汉间之地，沙石之处。”说的是公元前 597 年邲之战，令尹孙叔敖驱动大军，打败晋军。又不主张渡过黄河侵入晋国国内，使楚庄王认识到止戈为武，取得春秋霸权。庄王赏以富庶之地，孙叔敖固辞不受，最后自选不毛之地。汉间之地，当然在汉水河谷，不在江陵。韩非是战国时代人，与孙叔敖的年代相去不远，当然比后来的记载要信实可靠。而有人会问，你不是说远古的汉水在宜城境内是沿东山边走的吗，宜城的河谷里何来沙石之处？笔者说的远古是指秦汉以前，远古之前还有上古，上古之前还有太古，在人类之前还有不同的地质年代。上古之时各民族都有大洪水的传说，中国是滔滔洪水方割，才有大禹治水。如今汉蛮三角洲蛮河南岸的山，从夫子垭以下，覆船山一直到钟祥都留下洪水侵蚀的痕迹。远古之前汉水河床也偏向过西岸留下了沙石之地。孙叔敖会向庄王表白，他会引水灌溉，把不毛之地变成良田，庄王才会许可他的选择。

c. 孙叔敖引沮漳之水作云梦大陂在现在宜城城北红山头下汉江河道中

《史记集解》引用《皇览》曰：“去故楚都郢城北三十里所，或曰孙叔敖激沮水作云梦大泽之池也。”《皇览》是三国魏文帝时期由桓范等人奉旨编纂的供皇帝查阅的类书。皇帝曹丕又是公认的文坛领袖，《皇览》当然要条条有根据。可惜这部书早已失传，南朝刘宋时的裴骃著《史记集解》时只引用了这句话。特别引人注目的是楚都前有一个故字，说明不是江陵纪南城而是宜城楚皇城。楚皇城北 30 里相当现在 14 千米，正在太平岗红山头脚下。孙叔敖激沮水，沮水是蛮河的古名，临沮是南漳蛮河边的地名。云梦大泽之池是形容蓄水池之大，沮水既不是现在的长江支流，云梦大泽之池更不是云梦泽。它是孙叔敖引沮水的目的地之一，蓄水以灌溉他的封地——汉间沙石之地。《皇览》的一句话已经明白道

孙叔敖引沮漳之水作云梦大陂在现在宜城城北红山头下汉江河道中的位置示意图

出了长渠是孙叔敖开创的。只是没说宜城长渠的名字而已。

d. 孙叔敖对长渠的设计

对于一件产品，可以根据它的用途、功能、结构、原理推导出它的设计蓝图和制造过程。长渠是华夏第一渠，这件伟大的“产品”，首先要弄清楚它的目的。上面说了，开渠引水灌溉他的封地，这只是他的动机。假若挖一道渠的目的，只是为了灌他自家的“两亩自留地”，那他就不是孙叔敖了。他是楚国的令尹，他修长渠引水有两个目的，一是云梦大泽之池是把水引入汉水河谷，此外还要把水引到汉蛮三角洲。为了能兼顾两地，长渠不得不分支，这个分支的节点就在吕家岗。

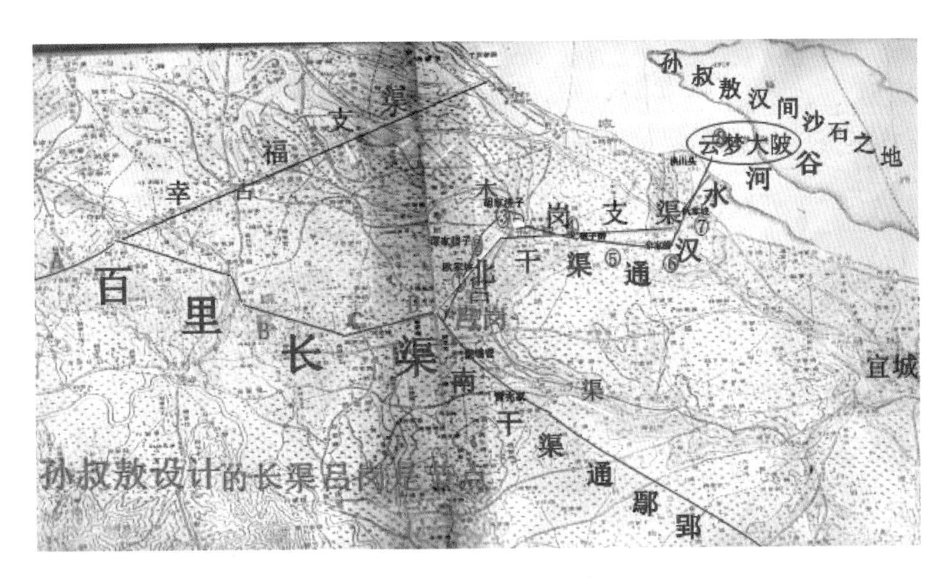

右下图的底图是1938年测绘的，A、B、C、D四点是长渠堙废500多年之后在地面留下的大挖方痕迹。

A点在杨岗和新庙两村之间，长2千米，开口宽30米，深10米。现在是长渠第一节制闸、第二支渠闸、幸福支渠源头。

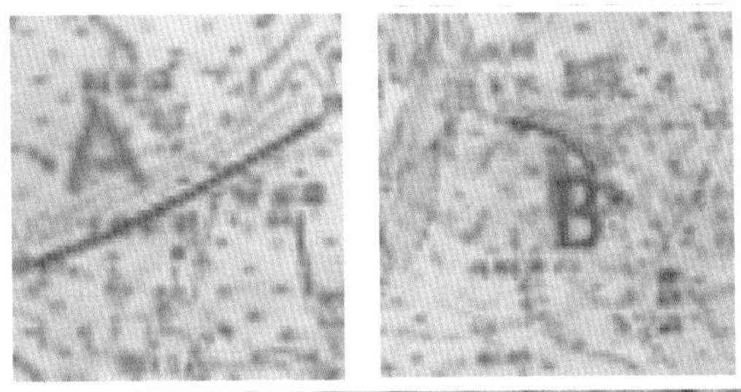

B点是平堰吴家营子处，长渠开始穿越高岗地。

C、D是穿越高岗地的大挖方，长3千米，中间有六间瓦屋冲才稍有间断。

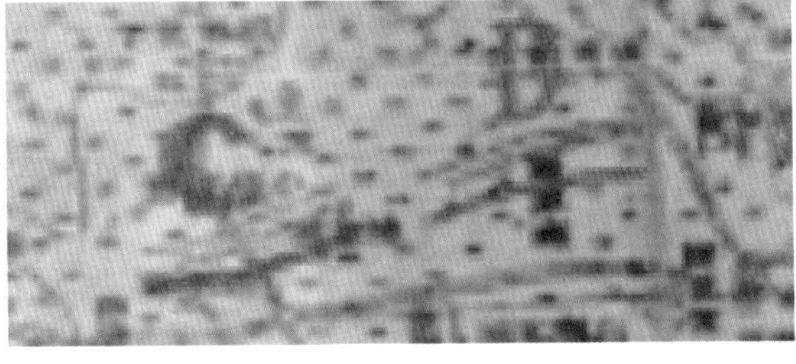

长渠的开创者为什么不不避开这3千米的大挖方？看看卫星地图就能恍然大悟。

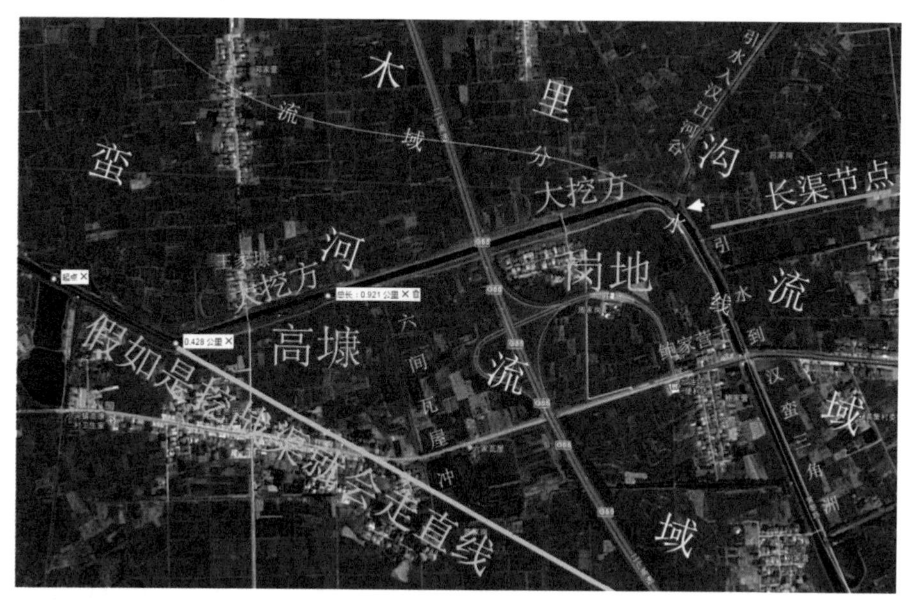

长渠吕岗节点，干渠分支处地图

开挖长渠的目的是要把水引到汉水河谷与汉蛮三角洲两个地方，不得不首先把渠挖到吕岗这个节点，吕岗正在两个流域的分水线上。向东北可以跨越木渠进入汉水河谷；向东南可以与木渠并列把水引到汉蛮三角洲。所以长渠才在吕岗转了个直角弯，实在是为了照顾两大灌区的必要。影像判读证明，长渠是孙叔敖开创的楚国的灌溉渠道；假若是白起开挖的战渠，就没有必要走两条直角边，会走斜边直线。

李可可教授提出，以上是近代、现代的地图和影像，难道长渠渠道古今没有变化吗？应该说没有大的变化。正因为在实地找不出古长渠不同于今长渠的痕迹，申请长渠为国家文物保护单位才没成功！不批准的理由就是没有古长渠的遗址。这也表明，孙叔敖对长渠的设计何等高明，至今不可改变，决不是白起开挖临时战渠能达到的水平。

长渠工程开始于晋楚邲之战后公元前596年，3年后孙叔敖患疽而死。长渠工程的最后可能是申叔时完成的。据《吕氏春秋》记载，孙叔敖临死前交代他的儿子：“王数封我矣，吾不受也。为我死，王则封汝，必无受利地。楚、越之间有寝之丘者；此其地不利，而名甚恶。荆人畏鬼，而越人信禨。可长有者，其唯此也。”孙叔敖死后，儿子以打柴为生，宫廷艺人优孟扮演孙叔敖向庄王述说他的妻子受穷，楚庄王才封给寝丘之地。事见《史记·滑稽列传》。不能因为孙叔敖死后家属受穷就否认他生前修过长渠；反之，正因为孙叔敖生前修长渠把积蓄花光，他死后家属才受穷。

（5）白起如何利用长、木二渠引水灌鄢

楚皇城的遗址今天虽然仍在，毕竟不是古时模样。白起灌城 1098 年后，韩愈来到此城作《宜城驿记》，说“东北有昭王井，驿前水传是白起堰西山下涧灌此城，楚人多死，流城东为臭陂。井东北数十步有昭王庙，有古木万株。旧庙宏伟，今惟草屋一区。庙后小城盖王居也，其内处偏高，广圆八九十亩号殿城，当是王内朝之所也，多砖可为砚盘。”所描写的地势与今大体相同。又经过 377 年，南宋鄂州知州、两湖总领、知名学者项世安作《过故宜城》，其中记载：“城方五里，四面各一门。宫城无北墙，止附大城为之。宫正北一门，东西各三门，南无门，岂以备吴故欤？”大城四门已经为考古发掘证实，紫禁城东西各三门，南墙无门尚待勘探。这种布局难道是专为防御吴国进攻吗？项世安在《过故宜城》序中写道：“春秋末楚自郢徙鄢，即此城也。今鄢水过城北平路桥下，城中有南阳太守墓碑。”根据《清华简·楚居》考证，是春秋早期楚文王建都的湫郢与为郢，春秋末期楚惠王改称的鄢郢。平路桥是城北的交通要道，东通瓯津渡汉水是楚武王伐随通向淮河流域的大路；向北是通往中原的大路，桥下是木渠引来的古漳水。《过故宜城》的几句诗说出了该城的形势：“柢应平路桥边水，曾照当时后苑妆。”“我行熊绎故王都，七里南墙依赤湖。”应该是楚文王熊赀开创的楚都，是一个三面临湖的半岛，到春秋晚期为了消极防御吴国的进攻，囊瓦才修城墙。当时沈尹就说丢失郢都的必然是囊瓦。到战国晚期，楚襄王再次陷入囊瓦的覆辙。

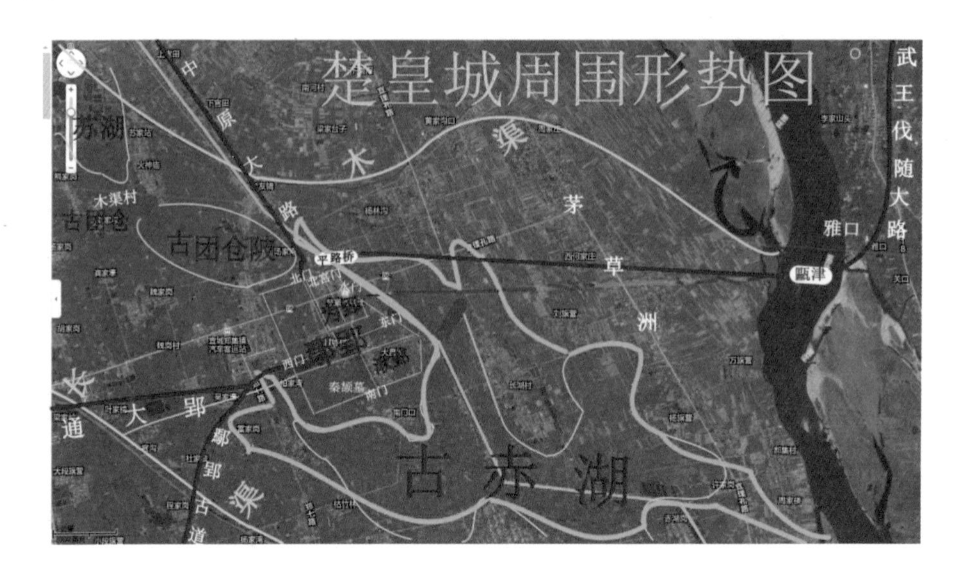

《元和郡县图志》记载：“长渠在（义清）县东南二十六里，派引蛮水。昔秦将白起攻楚，引西山长谷水两道争灌鄢城，一道使沔北入，一道使沔南入，遂拔之。”这段话说得很清楚是引水两道争灌鄢城，一道使沔北入“沔”当大水讲，不是汉沔的沔；一道使沔南入。北入的沔当然引自木渠；南入应该是西入的沔，当然引自长渠。

为了有足够冲垮城墙的水量和动能，必须利用木渠的堰垱以及两渠沿岸的湖陂蓄水作势。这是白起要做的第一件事。例如木渠蓄水的苏湖、团仓陂，在 20 世纪 50 年代测绘的军用地图上，团仓陂的拦水堤还存在，直抵楚皇城的北城角。长渠的结瓜蓄水处更多，把蓄水统一调度使用也显得白起的用水如用兵，指挥本领非凡。

从木渠和长渠引水，要堵塞原有渠道，开挖新渠直抵城下，这工程太小，当然不在话下。还要筑堤拦水，以免引来灌城的水分流入赤湖，这对白起的几十万大军也是小菜一碟。难点不是引水泡城，而是把水集中两点冲垮城墙，使水灌满全城把数十万军民淹死。在楚人看来即使你引来再多的水，也会流入赤湖进入汉江。而白起是位杰出的将领，他首创了攻城作战的抵近作业法。

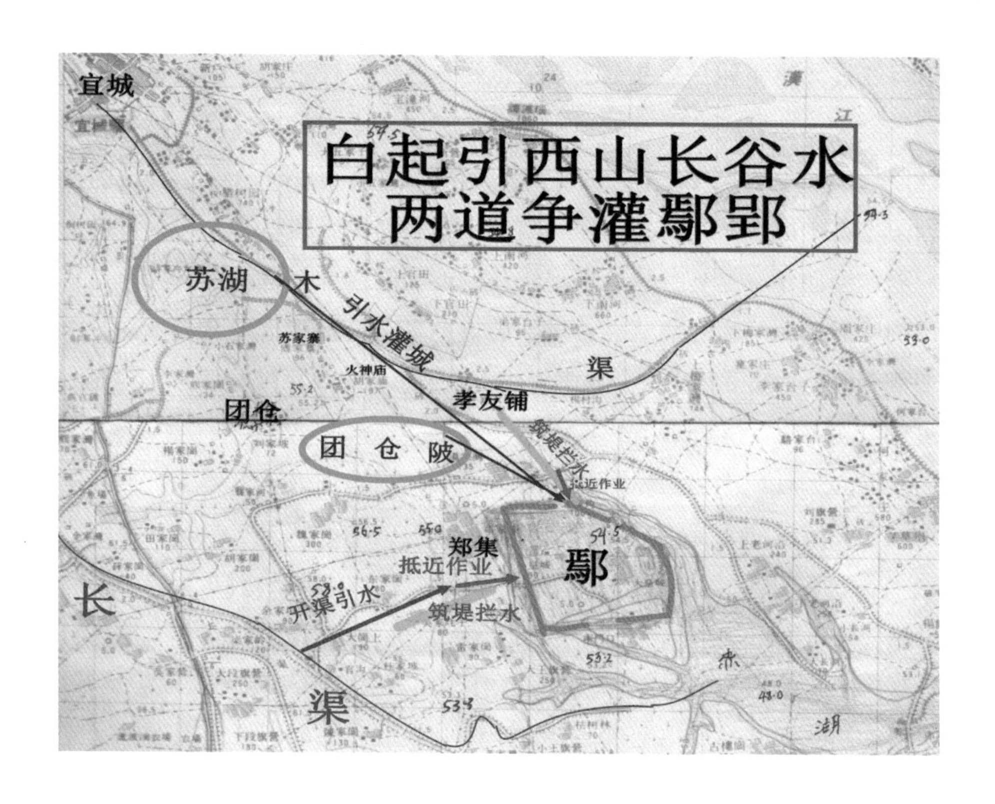

①把赤湖水排放到最低水位，把鄢郢的护城河的水放干；

②在城上守军弓箭的射程范围外接着引水渠开始挖深沟穿过护城河；

③在守军弓箭效力范围内用原木在壕沟上一边掘进，一边加顶盖，直到城墙脚下。

④扩大作业面，把数段城墙墙脚掏空，甚至挖隧道通向城内。

⑤大水持续猛灌，城墙垮陷为缺口，隧道从地下冒水，洪水冲入城内，首先冲向南门和东门（地势最低），用水压和泥沙使城门不得开启，不然大水穿城而过，灌鄢必然失败。

⑥长、木二渠的引水，争相灌入城内，大多数地区淹在两米水深之下数日之久，结果东城溃陷，数十万尸体随水漂流到赤湖一角，被称为臭陂。

抵近作业成为后世常用的军事攻坚的战术手段，如解放战争中攻打临汾城就是用抵近作业把城墙炸毁的。白起时没有炸药才用水代替炸药，不是什么以水代兵，只是水助人攻，以水淹死平民！

除抵近作业外，调度用水难度也很大，既要保持灌城的水量、水势和持续性，更要顾及渠道的通水能力，否则水太大渠道反而先被毁。堰垱陂塘、湖泊放水，先后一定要统一调度，井然有序。分散于各地的堰垱陂塘蓄水放水一定要按命令行事，宜城多处走马堤就是为快马传递白起的命令而建。倒马台这个军事快骑倒换马匹之处，也被讹传为商人借用阎王庙的泥马去经商。在宜城的历史地理上，我相信地名会说话，而多数传说是无知讹传。白起除用骑兵传递信息外，还用烽燧信号作补充。可见白起即使不挖长渠，引水灌鄢也不容易。

以上观点和论述是以文献史料为基础，以军用地图为凭据，从卫星地图影像判读而来，绝非主观揣测，少一件就达不到引水灌鄢的目的。这个观点在 1953 年得到验证。长渠修复后 1953 年开挖了九支渠，下图显示，这条渠道从白起开的口子处把长渠水引到南门。20 世纪 70 年代时任郑集区委书记的郑国华带领水利工作人员扩修了九支渠才贯通楚皇城，贯通的路线正是沿着白起灌鄢的水道线开挖的。在湫郢区挖出春秋铜方壶证明了楚皇城的年代。此后楚皇城成了文物保护区，再没人敢在“太

白起引水灌鄢卫星影像图

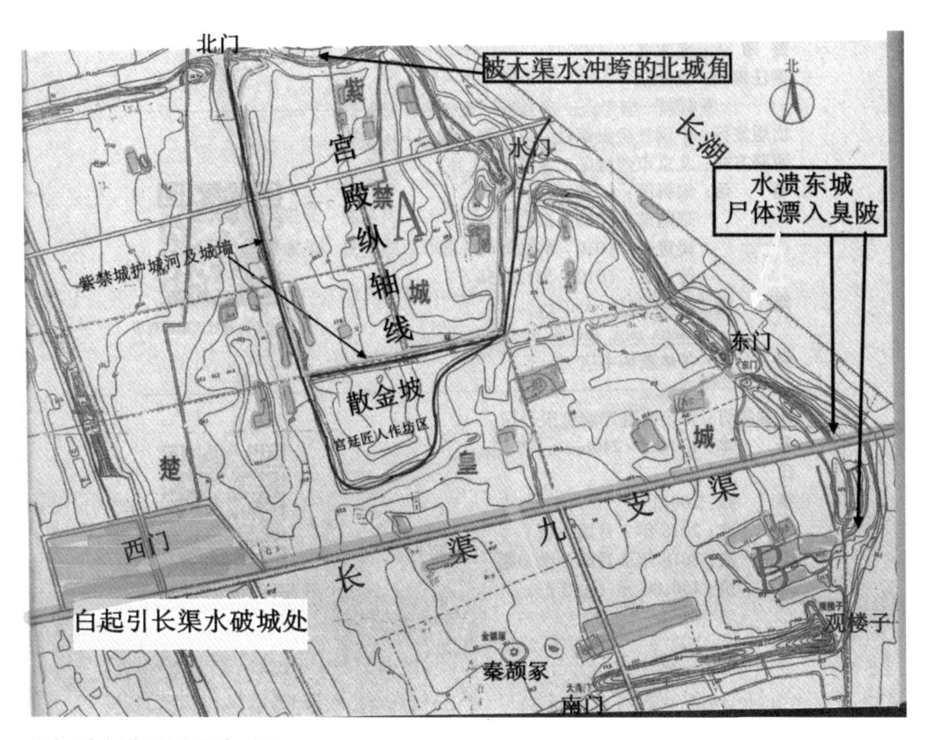

白起引水灌鄢测量地形图

岁头上动土”。

上图是考古工作测绘的楚皇城内详细的地形图，白起引长渠水冲垮西门城墙的宽度为220米，引木渠水冲垮北城角的宽度为200米。大水溃城东南角观楼子以北多处溃口总宽度约400米。楚皇城面积为2.625平方千米，可容纳守军、居民、难民20万人以上。图中的色块是已探测的建筑物台基，紫禁城内主要宫殿的遗址测图时尚未探测，宫殿区集中在A区紫禁城，可能是为郢，B区观楼子，楚简本字是氵秋（ ）有人读“禾”，有人读“湫”，现在电脑字库中只有“湫”字与楚简这个字相近，就打成了“湫郢”。因为白公之乱时楚惠王是被人背到他母后的宫中避难的，他母亲就住在湫郢。白公之乱后，楚惠王才把整个楚皇城改名鄢郢。楚都迁到江陵纪南城后，此地是楚国故都，才叫鄢，秦设鄢县，汉惠帝三年（前192年）改鄢县为宜城，并把县城迁到北湖岗，原鄢县城址就叫故宜城。因曹操初设襄州时州治设在此处，从前叫它故襄城。石泉教授考古时，才称楚皇城。楚国本来只有楚王，到秦朝才有始皇帝。但是楚皇城的名称已经被考古界记录在案，只有将错就错。

李可可教授提出，白起引水灌鄢，究竟是用水冲，是灌，还是泡？这是个战术问题，应当是综合运用。不用猛水冲不垮墙脚已被掏空的城墙。把城墙冲出缺口，水才能灌入城中。水灌入城中才能以水的压力和泥沙的堵塞使城门无法打开，无法把水放出去，才能长时间泡城。不长时间泡城，建筑物不会垮塌。建筑物垮塌导致趴在屋脊上的军民全部被淹死。不泡城5天以上，东城墙不会崩溃，城里的尸体不会漂入赤湖支汊形成臭陂。这一切都得以大军围城、困城为前提。

《墨子》的书中有《备穴》《备水》《备城门》三篇文章，《备穴》讲的是以挖隧道对付挖隧道；《备水》《备城门》讲的是以鏖战决堤放水，用可以升降的悬门代替向内打开的城门，使灌入城内的大水穿城而过。可惜墨家弟子在楚国消亡了，楚国已经只能消极防御，坐以待毙了。

（6）如何评价白起

白起是个有争议的历史人物，褒之者称他是战神，对国家统一有杰出贡献，开挖长渠造福后代；贬之者称他为人屠，坑杀降卒，为达目的不择手段，大水灌城祸及平民。

评价历史人物最好先把他放到他所生活的那个历史环境里去考察，司马迁离白起生活的时代比我们现在离白起要近得多。司马迁在《白起、王翦列传》里说："白起者，郿人也。"郿县属陕西宝鸡市。但白起与白公胜绝无关系。"善用兵，事秦昭王。"秦昭王是秦始皇的曾祖父。"昭王十三年白起为左庶长"，"其明年白起为左更，攻韩、魏……斩首二十四万……起迁为国尉。""明年，白起为大良造。攻魏，取城小大六十一。""后七年白起攻楚，拔鄢邓五城。其明年，拔郢烧夷陵，楚王东走徙陈，秦以郢为南郡。白起迁为武安君。"从以上记叙看，司马迁高度赞扬了白起的善用兵。16年内连战连捷，从左庶长、左更、国尉、大良造直到被封为武安君，连升五级，全凭自己的战功取得。特别是攻下鄢、郢，把楚襄王驱逐到河南陈县，占领了楚国的半壁江山，功劳卓著，被封为武安君。战国时被封为武安君的另有三位，配六国相印的苏秦、赵国名将李牧、项羽的爷爷项燕。《史记正义》说白起获武安封号的原因是："言能抚养军士，战必克，得百姓安集，故号武安。"可见有人说因为白起开创长渠修了武安堰才被封为武安君是因果倒置。

司马迁虽然回避了白起引水灌鄢，但他没有回避以下事实："四十七年，秦使左庶长王龁攻韩。"赵国老将廉颇坚壁以待秦，秦相应侯行反间计，使赵王以只会纸上谈兵的赵括代替廉颇。秦昭王任命白起为上将军秘密赴前线指挥。长平之战，斩首45万，白起坑杀赵国降卒40万。正当白起要灭赵以全其功时，应侯主和，昭王下令停战。于是将相结怨。到秋下，秦王再伐赵进攻邯郸。"武安君言曰：'邯郸实未易攻，……远绝河山而争人国都，赵应其内，诸侯攻其外，破秦军必矣。'"战不利，武安君言曰："秦不听臣计，今如何矣？"白起不服从王命出征，而且冷言讽语。昭王把白起贬为士卒，应侯趁机落井下石，昭王赐剑令白起自裁。"武安君引剑将自刭，曰：'我何罪于天，而至此哉？'良久，曰：'我故当死，长平之战赵卒降者数十万人，我诈而尽坑之，是足以死。'遂自杀。"这说明白起临死才觉悟到杀俘之罪，还没认识到淹死平民更为不义。梁启超曾经说，战国时代总人口才两千多万，被杀害的两百多万人中，白起杀人居一半。更有人统计出白起一生攻城70余座，杀人165万。因此有人把白起贬为人屠。但是人类的文明进步是渐进的，我们不能用现代的文明标准去苛求古人。毕竟那时不可能有《日内瓦战俘公约》，顶多只有杀俘不祥之类的道德箴言。因此不能贬为杀人屠夫，白起争战杀人只是反映了兼并战争的残酷性。反之，灌城、杀俘都是只顾眼前战功，不顾长期后果的行为，对于得民心、瓦解敌军、不战而屈人之兵并不有利。白起的时代还是诸侯兼并时代。只听说秦始皇统一天下，没人说秦昭王统一天下。如果说白起对统一全国有贡献，那他对秦朝二世而亡也有影响。所以白起只是古代的一位常胜将军，一位名将，而算不上杰出的军事家。更不能把修长渠的功绩加在他的头上，赞扬他为后代造福。

司马迁接着说："死而非其罪，秦人怜之，乡邑皆祭祀焉。"秦人祭祀白起自有正当理由。那么两千多年后邯郸人把豆腐汤叫水煮白起，韩地人把豆腐泡叫油炸白起，楚地宜城至今保留埋人时要喝豆腐汤的习俗，不是同样有理吗？

文章最后结论是“太史公曰：白起料敌合变出奇无穷，声震天下，然不能救患于应侯。……彼（白起、王翦）各有所短也。”应侯是秦昭王的丞相范雎，他对内耸动秦昭王从太后芈八子手中夺取了实权，加强了中央集权；对外提出远交近攻的战略，破坏六国的合纵抗秦。长平之战也是他用反间计为白起的胜利打下的基础。白起无非在执行应侯的战略部署，其战功震动了应侯，而最后也死在应侯手里。

无论你怎样贬低白起，总不能否定他战无不胜的指挥才能，不得不承认长渠是因他水灌鄢郢而闻名于历史；无论你怎样赞扬白起，总不能否定他屠杀战俘，水淹平民，最后不得不承认长渠不是白起开创的。

由此可见：长渠是楚庄王的令尹孙叔敖的杰作，2600年后现在的长渠，依然是按原来渠道修复的。只是因为找不出一段长渠旧址，长渠申报为国家文物保护单位时才没被批准。可见孙叔敖设计的高明。白起绝对没有这个能力，他不过是借用这条渠道引水灌鄢，以淹死楚国数十万军民，动摇了楚国的国本，从而使长渠留名。长渠因白起灌鄢而出名，长渠又叫白起渠是可以的；但是长渠绝对不是白起开创的。开创长渠的历史要比传统的说法即秦昭王二十八年（前279年）白起拔鄢要早317年。

笔者的上述观点，在1993年《古长渠与古木渠》的论文中已经得出，被人认为“证据不足”。笔者这次只有不厌其烦再次进行说明：首先梳理出传统说法的来源，再提出否定传统说法的三大理由——长渠是白起开创的，一不合实际，二不合逻辑，三经不起实践检验。理由已经够充分。最后还得有一条充分而且必要的理由——长渠是孙叔敖开创的，只有他才有这个动机，有这个技术，有这种组织施工能力，有这种权力来开创这一史无前例的工程。要是不同意这个观点，就请举出一位比孙叔敖本事、权威更大的人来。

为证明这一充分且必要条件，笔者提供的直接证据有《韩非子》和中国第一本类书《皇览》，相关的间接旁证有《孟子》《荀子》《淮南子》等有关孙叔敖的文献记载，出土文物有《楚居》。此外有对长渠、木渠的实地考察，有军用地图的凭据，有卫星地图的影像判读。总之，证据不是不充分，而是古时没有一本书直接说长渠不是白起挖的而是孙叔敖挖的。要是有人说过了，还要后人考证什么？传统说法的证据是什么？曾巩说长渠是白起开创的提供过一条证据吗？所有的证据无非是两个字——传说。

（7）为什么唐朝以前没有长渠的记载

唐朝以前没有长渠的记载，是石泉教授认为长渠是鄢水古河道的原因。为什么唐朝以前的历史文献没有长渠的记载？因为那些时代离春秋战国不太远，楚人对白起引长渠水灌鄢，淹死数十万楚国军民的悲惨事件，还没忘掉。楚人不愿提及长渠的伤心事。这种心情在笔者对抗日战争时期日军在宜城杨家大洲集体大屠杀的调查中得到印证。受害家属，有的提起往事，只流泪不说话。问原因才说，老辈子有规矩，不许提及伤心事！同样，为了回避楚人的悲痛，对长渠没有记载就在情理之中了。直到千年后的唐朝，梁崇义为了藩镇割据才修复长渠。修建武安镇白马庙，祭祀白起。其用意在于表白，他不愿像白起一样被朝廷杀害，所以累次拒绝召他进京述职的诏令。最后李希烈前来征讨，梁崇义兵败蛮河，众叛亲离，全家投井自杀。梁崇义修长渠、立庙祭祀白起，并不是为国家统一，恰恰是为了维持藩镇割据的分裂局面。而汉朝的王宠宁愿新开汉木渠，也不修复工程容易得多的长渠。修木渠不修长渠，也与楚地人的情感有关。这是唐朝以前以木渠代表长渠的原因。

那么唐朝是怎么提到长渠的呢？长渠之名最先出现在唐代《元和郡县图志》中：“长渠在（义清）县东南二十六里，派引蛮水。昔秦将白起攻楚，引西山长谷水两道争灌鄢城，一道使沔北入，一道使沔南入，遂拔之。”

义清县是西魏所立，在中庐城南 20 里今谭湾水库西南南漳九集郑家畈村一带，东南 26 里有长渠。这可以由图上作业证实。关键词是白起引西山长谷水两道里的“引”字，作者语义含糊，后人理解错误。引水是利用原有灌溉渠道引的，不是新开渠道引的。西山是宜城西山的简称，指的是长、木二渠的水源地。这里值得注意的是所引的两道水，木渠显然不是白起开挖的，所以把“引”理解为“开挖”是犯了把概念的外延当成内涵的逻辑错误。《元和郡县图志》是唐宪宗宰相李吉甫为维护国家统一而编纂的一部地理总志，针对的是唐朝藩镇割据的政治弊端。书出版于元和八年（813 年），作者已去世，故未见到平定蔡州。但是李吉甫见证了李希烈平定襄州节度使梁崇义叛逆之役，可能与他关注到长渠有关。

最早留下梁崇义修长渠的记录载在《重修武安灵溪二堰记》中：“唐大历四年己酉（769 年）节度使梁崇义尚修之，乃建祠宇。”宜城人俗称武安镇为堰上，新中国成立前白起祠宇的遗址仍在，俗称白马庙，新中国成立后成为武镇麻纺厂厂房，尚遗留有断碑残额。说明元朝何文渊的记载属实。

梁崇义是平息安史之乱时有功之将来瑱的偏将，来瑱从山南东道节度使任中入朝任兵部尚书后，受权奸陷害而被杀。梁崇义以实力据襄阳，唐代宗只有封他为山南东道节度使。他拥有汉、襄、郢、随等七州地盘，与河北的节度使互相呼应对抗朝廷。梁崇义有治理地方的能力，为增强地方实力，他修长渠是势所必然。越有实力他越担心不为朝廷所容，他始终拒绝进京述职。他说来瑱对朝廷有功，反而被杀，我能进京吗？来瑱得到平反后，他为来瑱建祠堂年年祭祀。他修长渠时为白起立祠堂，也是出于同样的思想感情，来瑱和白起一样是有功于朝廷而被屈杀，他梁崇义绝不重蹈覆辙。结果修复长渠 12 年后他拒绝朝廷征税而公然反叛，与前来讨伐的李希烈对阵，大败于蛮河，再败于涑口。梁崇义夫妇投井自杀。这是唐朝藩镇制度带来的悲剧，梁崇义修长渠值得肯定，他为白起立祠宇也能理解，长渠毕竟因白起利用来引水灌鄢而出名。但是这并不能证明长渠是白起开挖的。

（8）为什么宋朝对长、木二渠特别重视

公元 960 年，赵匡胤建立宋朝，结束了五代十国的分裂乱局。为了维护国家统一，宋太祖采用了强干弱枝、重文轻武的国策。所以宋朝一开始是一个弱国。第二代君主宋太宗也想图强，两次北伐打算收复国防要地燕云十六州，两次被辽国打败。第三代皇帝宋真宗再无斗志，一心求和，与辽国订立澶渊之盟，每年向辽国纳绢 20 万匹，纳银 10 万两，大体维持了百年和平的局面。但是西夏兴起，连年寇边，百年之内宋朝兵员增加 3 倍，达 125 万人，中央直辖的禁军就有 83 万人。官兵的粮草、官吏和宗室 4 万人的俸禄全靠农业生产。北宋就是在 167 年间，在财政压力下，在用屈辱和钱财换来的百年和平环境里，三次大修长渠、木渠的。澶渊之盟的第二年，耿望就修长渠，当年种稻 300 余顷。范仲淹的庆历改革失败后，辽银、辽绢又各增加了 10 万，财政更加窘迫。孙永大规模修长渠，并订立管理制度。10 年后，朱纮修木渠。1072 年岁次壬子，把孙永的管理制度加以修订，刻石为"壬子碑"。王安石变法期间，曾巩任襄州知州，受孙永委托考察长渠管理制度。曾巩作《襄州宜城县长渠记》，虽然误认为长渠是白起开凿，但是对长渠的命名却因此正式固定下来，谁也篡改不了。12 世纪初，女真人的金国兴起，宋朝又多了一份灾难。10 年后，把宋朝皇帝俘虏而去，北宋灭亡。北宋修渠以孙永、朱纮成效最大，以曾巩的文章影响最大。

南宋偏安，襄阳为国防重镇，长、木灌区是襄阳的后勤基地。1133 年，金国傀儡伪齐皇帝刘豫，派兵攻占襄阳，长、木二渠受到破坏。岳飞北伐收复襄、郢六郡。30 年后，参知政事（副宰相）汪澈修复长渠，屯垦 7000 顷。10 年后，木渠引水关键部位木眼山塌方堵塞，吴仰复申请修复，朝廷令户、兵、工三部会办，派都统、安抚司、襄阳府派军队、民夫全力抢修，是工程量最大的一次。又 10 年后木渠再次堵塞，郭杲上报请修。总领湖广财赋蔡勘面见皇帝，上《清浚木渠奏疏》，陈表臣主持修复。南宋在 153 年间，为保证襄阳国防重镇的粮草供应，一次大修长渠，两次大修木渠。其间还有都统率公和李曾伯主持的两次小修。13 世纪初，蒙古兴起，先后灭金、灭夏，远征欧亚大陆。1271 年建立元朝，3 年后攻陷襄阳。

（9）元朝重视水利之功不可忽视

元朝虽然是游牧民族入主中原，对农田水利的重视还是可圈可点。屯田官刘汉英报告长、木二渠情况，元世祖把灌区划归大护国寺产业。大护国寺在大都北京，是宰相托托的官邸。20年后改属提举司管辖（元朝设有儒学提举司掌管学校）。元成宗时李英主持出内府金，派大都工监指导施工，修复武安、灵溪二堰，长、木二渠同时得到大修。1314年何文渊任襄阳知府时，提举赵琦修复长、木二渠，何文渊作《重修武安、灵溪二堰记》，留下了元朝修水利的记载。

（10）为什么明清两朝不修长渠

明朝的政治、经济中心和国防重地都不在华中。执政276年间为什么没有修过长渠？一句话——顾不上。早期要高筑墙修长城，又遇到接班不顺，燕王朱棣夺取建文帝皇位后，派胡濙以寻访张三丰为名，在各地探寻建文帝下落，派十万士兵修武当山；派郑和下西洋在海外寻访建文帝。他修武当、营北京顾不得长渠这个地方工程。不久，英宗在土木堡被瓦剌俘虏，于谦保卫北京，立代宗；英宗被放回，7年后复辟。明朝前100年在政治动荡、大兴土木、北方疆防中无暇顾及长渠。百年增长的人口，因地方水利失修，土地兼并，无法容纳，造成百万人流入房县、郧阳、竹山禁区，开荒谋生，这群人被称为荆襄流民。

成化年间，荆襄流民刘千斤、石和尚在房县举旗号为汉王，从此明朝开始陷入农民起义的内忧之中。起义军占领南漳逼近宜城边境，刘六在正德年间进入宜城，这时想修长渠也来不及了。明世宗从钟祥到北京继位，为其父母修显陵。宜城人忙于护驾供应墓砖无暇修长渠。嘉靖皇帝下令闭关锁国，致使倭寇更加猖獗。戚继光前后20年才平定东南沿海的倭患。明朝中期也顾不得修长渠。（注：护驾洲、窑湾为宜城市内的两个村名）

万历年间，张居正大力改革，死后反而被定罪抄家。加之满族兴起，萨尔浒大战败于努尔哈赤，辽东无宁日。内有太监混乱朝纲、东厂横行，李自成、张献忠势力壮大，破宜城、奇袭襄阳杀襄阳王；外有八旗兵越长城掳掠山东、河北。在万历死后 24 年，明朝灭亡。最终也没顾上修长渠。

李可可教授提出，明清时古云梦泽大部淤塞，江汉平原、洞庭湖沿岸已经开辟成为新的粮仓，才有“湖广熟，天下足”的谚语。长渠、木渠灌区的地位已被广大的湖广（湖南、湖北）取代。

清朝执政 267 年间，宜城人三次想修长渠，得不到府、宪支持而失败。清初，宜城因战乱人口稀少，到康熙二十一年（1682 年），宜城有 1007 户 3273 人，还有一些人口从山西、江西一带移民而来。乾嘉之后，生齿日繁，咸丰九年（1859 年）宜城有 4.8 万户，29.3 万人，为了养活这些盛世增丁不加赋的人口，宜城境内大量垦荒、围湖造田，多数长、木二渠的结瓜工程被改成耕地。襄阳地区最大的地主黄百万就是从围垦赤湖起家。杨麻子湖、徐家湖、赵家洼子是由围湖造田的家族得名。东西两山也留下垒石造田的痕迹。在人口压力下，修长渠才被重新提出。嘉庆十二年（1807 年）宜城人鲁桂元等呈请修复长渠，遭到武安镇首士苏光德等人的反对。

经襄阳府潘宪常批示：“毋再妄逞意见，混讼扰累，致于严究。”并经湖广总督（封疆大吏、两湖行政区长官）汪志伊，湖北布政使（湖北省长）常福，安襄郧荆兵备道（军区）兼水利事务王正常，襄阳府正堂张溶的联署核准，不得再坚持（复修长渠）意见，提起诉讼制造麻烦，来导致官府严办。下图是武镇首士立的“禁止修长渠的文件碑”。碑额是“奉

“奉承宪禁” 清嘉庆十二年禁止再提及修长渠的碑额头

清·武安镇首士苏光德等

署南漳县正堂加十级记录十次石晓谕事。本年十二月初十日奉：府宪札开本年正月十四日奉：潘宪常批，据宜、南二县士民王载、鲁桂元、朱价潘，余在田、戴松、张鳌筹呈请复修长渠，严禁恶阻挠等情，此案到府奉批：该渠亘百余里，自元明迄今，民田庐墓，历史相安。及灾士民等。因本年一隅欠收，如何浩繁，民力是否情愿，将数百年 泛未开凿，并非急不可待之。倡议两年筹修，竟致勉强从事，固属各怀觊觎，互执偏私。而宜城、南漳二县遂行先批勘办，亦属轻率。襄阳府严行审饬，并既示谕该二县士民凛遵查照，毋再妄逞意见，混讼扰累，致于严究。等因，奉此，查此案上年十二月十一日蒙。

承宪禁”，“宪”是法令，延伸为有权力的大官。碑文“蒙”字后省略了湖广总督等人的核准文字。第一回合，宜城败下阵来，县令葛桂芳被降级调离。宜城人说是武镇商人有钱行贿的结果。行贿没有证据，起决定作用的是时任湖广总督不如后来的林则徐和张之洞一样有作为、敢担当，他只求当太平官，息事宁人。

咸丰十年（1860 年），宜城人知道指望官府支持修长渠已不可能，趁红巾军两次进入宜城县境，时局动荡之际强行修渠，南宜两县民众发生械斗。宜城县令袁秉亮被撤职。据说道府断案，立碑“永禁开挖长渠”。可是没发现这块石碑。第二次宜城又败下阵来。连赔了两位县长。

光绪三十二年（1906 年），黔江（今重庆市黔江区）人杨文勋在宜城知县任中，两次到南漳县协商，提出修马车路从武安镇直通小河镇，便利南漳商业运输，长渠大坝改在清凉河等折中办法，也毫无结果。

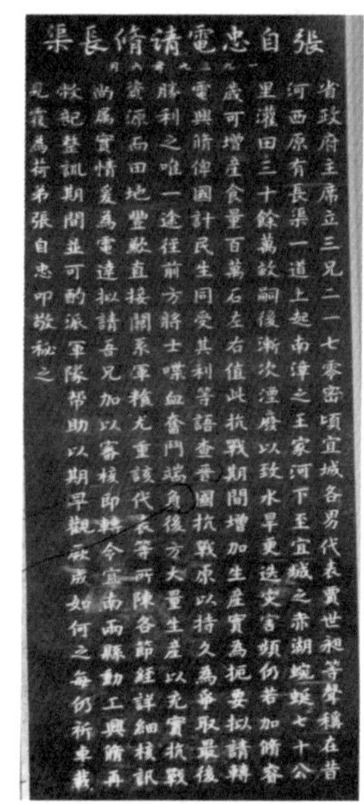
張自忠電請脩長渠

一九三九年八月

省政府主席立三兄二一七零密頃宜城各男代表實世祖等聲稱在昔河西原有長渠一道上起南漳之王家河下至宜城之赤湖蜿蜒七十公里灌田三十餘萬畝嗣後漸次湮廢以致水旱更迭灾害頻仍若加脩濬歲可增產食量百萬石左右值此抗戰期間增加生產實為扼要拟請轉電興脩俾國計民生同受其利等語查吾國抗戰原以持久為爭取最後勝利之唯一途徑前方將士喋血奮鬥端賴後方大量生產以充實抗戰資源而田地豐歉直接關系軍糧尤重該代表等所陳各節經詳細核訊尚屬實情爰為電達拟請吾兄加以審核即轉令宜南兩縣動工興脩再敝部整訓期間並可酌派軍隊帮助以期早觀厥成如何之處仍祈卓裁兄霞為荷弟張自忠叩敬秘之

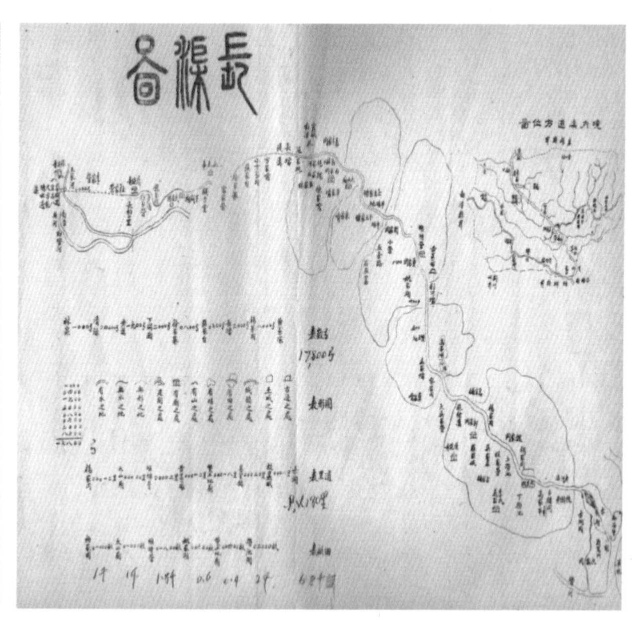

杨文勋测量的长渠图

（11）荩忱渠的来历

1938 年武汉会战后，抗日战争进入持久战阶段。11 月 18 日，张自忠被任命为五战区右翼兵团总司令，看守战区南大门，保卫宜昌。1939年把总部设在宜城县赤土坡。在兵要地志调查中，召集乡绅座谈。各界代表贾士昶等反映了长渠失修后宜城的旱灾情况，希望修复长渠。张自忠认为修复长渠增加生产，便于军粮供应，有利于长期抗战。于是致电湖北省主席严立三，倡议修复长渠。

这份电文发自宜城，适合刻石立碑在赤土坡，而现在立在南漳是由于长渠归三道河管理局管理，立碑在南漳也是一件功德事。宜城荩忱渠文物碑处再立一块，以便外地人了解为什么叫荩忱渠。碑文如下：

张自忠电请修长渠

一九三九年六月

省政府主席立三兄：

二一七零密

顷，

宜城各界代表贾世昶等声称，在昔河西原有长渠一道，上起南漳之王家河，下至宜城之赤湖，蜿蜒七十公里，灌田三十余万亩。嗣后渐次湮废，以致水旱更迭，灾害频仍。若加修（濬或浚），岁可增产食量（粮）

百万石左右。值此抗战期间，增加生产实为扼要，拟请转电兴修，俾国计民生同受其利等语。

查晋（普）国抗战，原以持久为争取最后胜利之唯一途径，前方将士喋血奋斗，端负（赖）后方大量生产以充实抗战资源。而田地丰歉直接关系军粮（粮）尤重。该代表等所陈各节，经详细核讯（询）尚属实情，爰为电达，拟请吾兄加以审核，即转令宜南两县动工兴修。再(在)敝部(部)整训期间，并可酌派军队帮助，以期早观厥成。

如何处之，每，仍祈卓载（裁）、见复为荷。弟张自忠叩。敬秘之。

省府迅速把张自忠电报的内容转告襄阳专署和南宜两县政府，指示立即酌情办理。南漳反对修渠，申请继续永禁开挖。省府指示襄阳专署派人实测具报。1939 年 7 月专署派技士会同军方代表副师长李树人，南漳县长蒋元、宜城县长陈英武以及两县民间代表沿渠遗址实地踏勘。襄阳专署上报，利弊兼有，要实测才能决定。

1940 年 5 月 16 日张自忠殉国。民国 31 年（1942 年）省府派第二工程勘测队对长渠实际测量。4 月初测，5 月、6 月复测，数据汇总后得出的结论是“此而莫办，则鄂西山区地带将无可办之工程也”。民政厅长代理省主席朱怀冰视察南宜两县后，省府决议修长渠，交由水利工程处负责设计。

设计渠首在南漳谢家台，浆砌块石坝心，外包浆砌条石的重力滚水坝。渠道长 47.5 千米，到宜城郭海营入汉水 。灌溉面积 15 万亩。干渠流量 14.7 立方米 / 秒，设三个节制闸分段分时轮灌。设计支渠 13 条，干渠建筑物 49 座，民工每挖一个土方工资 3 元，总土方量 150 万方。鄂西北连续几年旱灾，这正是以工代赈的好时机，工程费概算 1.5 亿法币。

1942 年 11 月，宜城 5000 民工正式动工。省成立长渠工程督工处。由第二勘测队王守先队长驻曾洲，负责宜城境内工程；由第四勘测队队长丁翔云带队驻武镇负责南漳境内工程。宜城 328 个保，实际只有河西各保每天出工 1500 人；南漳每天出工 430 人。张自忠遗部派兵 700 人协助南漳境内工程。

1943年9月，宜城更名自忠县。长渠以张自忠字荩忱命名为“荩忱渠”，督工处更名为“荩忱渠督察工程师室”。施鼎焘、王守先为正副总工程师，王开闾为宜城段段长，杨铭堂为黄皮沟采石场主任，这些人都在新中国成立后修复长渠中发挥了技术骨干作用。

抗战时期修渠，是在极其艰苦的环境下进行的。青壮年多被拉壮丁上了前线，或者怕拉壮丁不敢出工。挖长渠的多是老弱病残，食不果腹。又加之要推广长沙会战经验，路口要挖反坦克坑，修阻塞工事，可想而知难度有多大。日军占据了沙市和宜昌，大江南北交通被切断。大后方运往前线的物资全靠农民出工肩挑背驮，这叫挑联运站。长渠炸石的钢钎炸药、建闸用的钢筋、水泥，都是从重庆船运到莲沱起岸，钢筋得弯曲折叠，水泥得分装到小煤油桶里。人工背负走羊肠小道翻越荆山山脉200千米的山路才背到武镇，来回一趟得半个月。难怪宜城民谣有“去挑联运站，性命丢一半”。1945年春，日军发动豫鄂战役，南北两路会攻老河口。南路突破李家垱防线，经武镇占泥嘴抄襄阳后路，把修长渠的物资掳掠一空。

从1942年到1947年长渠断续施工5个年头，渠首只完成了清基、备料的准备工作，开采块石1.1万方，条石1300方，拱石200方，木桩1300根。完成土方85万方，占总土方量的60%。一个腐败的国民政府，把利国利民的好事也办成祸国殃民的坏事，虽然以贪污罪把宜城县长张文运判处绞刑，也平不了民怨。长渠的新生只有等待改天换地了。

没有张自忠倡修长渠，没有张自忠在宜城殉国，就不会有修长渠一举；新中国一成立也不会立即修长渠。长渠里融入张自忠将军的爱国精神，凝结了张自忠和许多爱国人士的心血，是南宜两县劳动人民的血汗成果，也是外地工匠的贡献，是新中国的建设成就。现在长渠得到世界灌溉工程遗产——“华夏第一渠”的称号，它是华夏文明的骄傲。我们不否认白起利用长、木二渠引水灌鄢对长渠出名的影响，我们更要实事求是，以科学的态度、用科学的方法查考孙叔敖是否是长渠的开创者。把长渠的历史推前 317 年，把长渠一开始就定性为春秋时期楚国的灌溉渠道，而不能定位为战国时期白起开挖的战渠。正因为定位为战渠，国家在排位上才把长渠排在浙江姜席堰一个小堰之后。国际排灌学会由国际水利专家组成，他们知道长渠的规模绝不是打仗时几个月能完成的战渠，从而否定了中国申请的排位，以灌溉渠把长渠改排为第一。

四、古木渠历史考证

长、木二渠并联成网，是不可分割的灌溉系统。在两千多年的历史中，多数情况下是木渠代表长渠，只有唐宋以后，随着汉江河道西移，木渠主灌区逐渐缩小，特别是明清时期，这个灌溉系统完全堙废，木渠的源头和故道也找不到了，而长渠的故道依然存在，长渠才代表木渠。

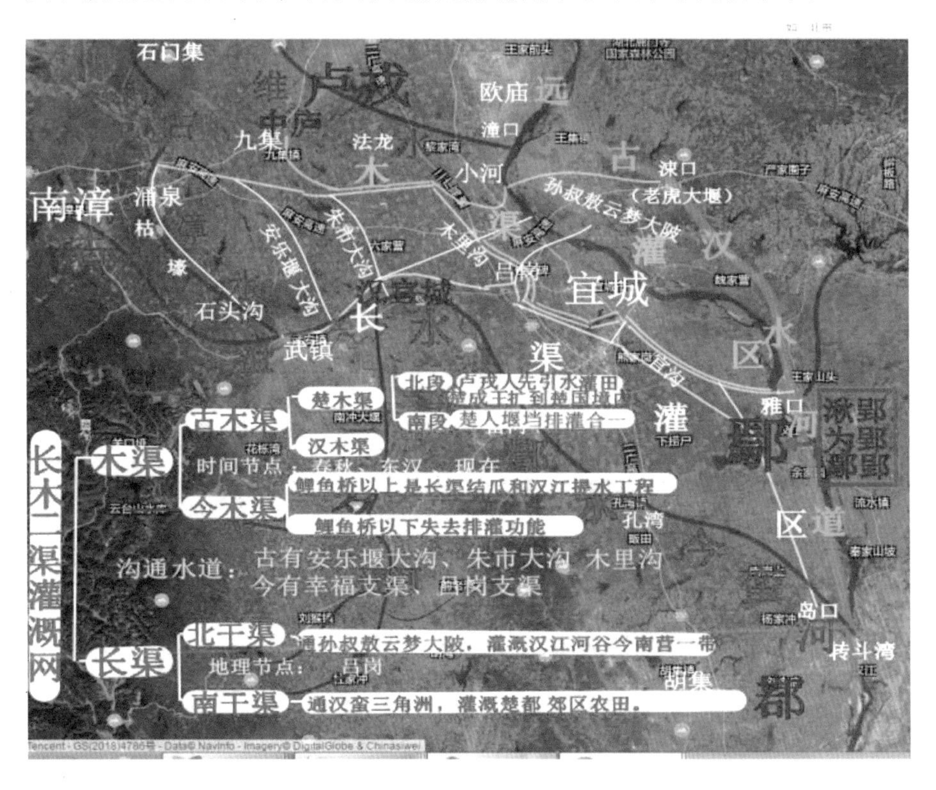

1. 楚木渠北段（疏水）考证

《水经注·卷廿八沔水》记载：“（中卢）县，即春秋庐戎之国也。县故城南，有水出西山。然候，水（边）诸蛮北遏是水，南壅维川，以周田溉，下流入沔。”古文大意是：中庐县是现在南漳九集北的旧县铺，春秋时期从蛮河以北到襄阳泥嘴都是卢戎国的范围。有河流从雎山来，水边的少数民族把北边的水堵住，把维水向南引以灌周边农田。楚成王灭卢戎、灭邓（樊城邓城）、灭申（河南南阳）后把渠水引入楚国境内，向下一直通入汉水。

通过实地考察，我们找到了楚木渠六段遗址：

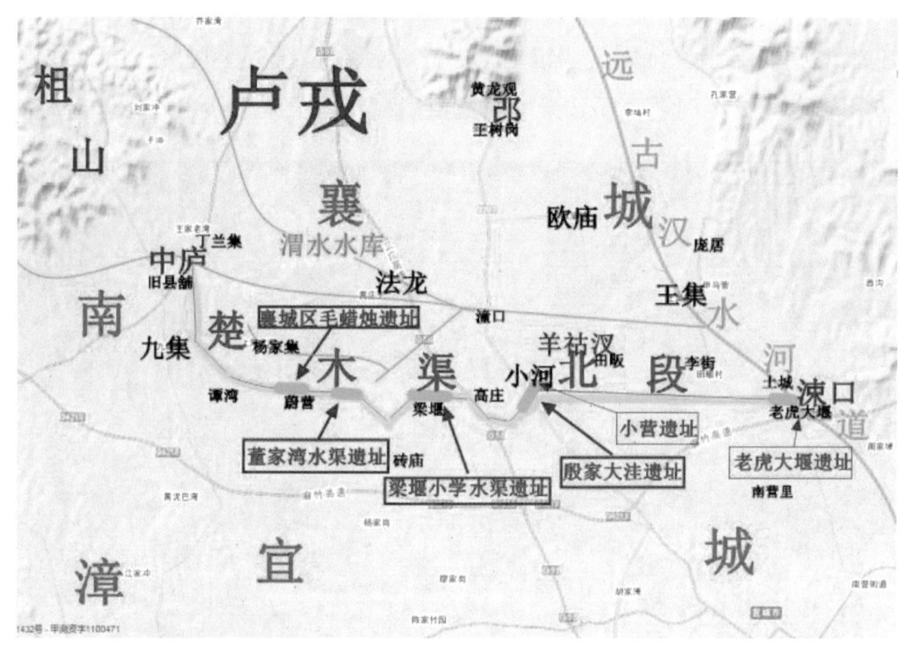

楚木渠六段遗址地图

楚木渠北段现在遗留的地名叫七里沟。当地人说是七个仙女在此撒尿冲成的一条沟，所以叫七女沟，后因宜城方言里“女”发音易混成“里”，故名七里沟。武大石泉教授在此考察时，当地老人说七里沟的源头在襄阳泥嘴。石教授的结论是对的，楚木渠的渠首是古维水今潼口河的上游。2019 年，在宜城市人大常委会主任孙纯科的带领下，调查组从谭湾水库薛家庙引水洞开始沿古木渠走向考察，寻找七里沟遗迹。

这段两里长的楚木渠西边被蒙华铁路（正式名称是浩吉铁路）路基阻断，长着茂密的盐包草（此处生长有毛蜡烛，木渠遗址是全国锋同志

楚木渠遗迹——七里沟　　全国锋调查摄影

最先考察发现的）。能把 2700 年前，中国最古老的渠道遗址保留至今，是值得襄城人骄傲并引以为荣的事。

宜城市人大常委会组织的古木渠考察组实地调查图

接着有更大的惊喜，考察人员发现了 1000 米多长有水的渠道。这是 2700 年前遗留至今楚木渠北段的故道，它向东的一端在修焦枝铁路时被阻断。这段渠道遗址太明显不过了，太珍贵了！应该成为国家级的保护文物。

宜城小河镇梁堰村董家湾　　全国锋摄影

航空摄影、卫星图像的判读，是军事侦察的一种手段，也是专门技术。军转民用，完全能判明几千年来地形地物的变化，考证出楚木渠的渠道。宜城有史籍记载以来，没有发生地质灾害，地形地貌发生变化小。园田化土地平整时，不能平整规划的田块就是受古渠道影响形成的。

吴家冲水库和207国道上小河镇南的殷家大洼，就是楚木渠故道。

楚木渠北段在小营下入汉江河谷，灌溉羊祜汉一带农田。羊祜汉与襄阳的羊祜山齐名。羊祜为1700多年前三国归晋前，晋朝大臣、政治家、战略家，任晋镇南大将军，坐镇襄阳。他兴学校、行德政，深得民心。

他把士兵分一半开荒屯田八百顷。木渠灌区是他主要屯垦区之一。羊祜上任时，“军无百日之粮，及至季年，有十年之积。”为统一全国厚积了力量，争取了民心。这也是木渠对历史的贡献之一。

《水经注》还说：“沔水又南与疏水合，水出中庐县西南，东流至县北界，东入沔水，谓之疏口也。水中有物，如三四岁小儿，鳞甲如鲮鲤，射之不可入。……名为水虎者也。”说明楚木渠北段原名疏水，入汉处叫疏（涑）口。有扬子鳄。新中国成立初还保留有“老虎大堰”（水虎大堰的讹称）的地名。

要说明的是，灌溉渠道是季节性水道，人们往往找不到它的河口处。有位诗人作了一首《涑口守风》就把观音阁襄水口误为涑口。以后《湖广通志》等书也把涑口与襄口误认为一处。

2. 楚木渠南段（木里沟）的考证

木里沟水的水源，全靠修筑许多堰挡分别把雨水的地表径流集聚起来。《水经注》又说：“沔水又南，得木里水会。楚时，于宜城东穿渠，上口去城三里。汉南郡太守王宠又凿之，引蛮水灌田，谓之木里沟，径宜城东而东北入于沔，谓之木里水口也。”

宜城市小河镇木渠村境内的木渠故道

在东汉以前，楚木渠南段先是在自然水沟上打下木桩筑起许多堰挡，层层拦截沟水，分别灌溉周边小片农田的小型水利工程。东汉王宠筑灵溪堰把清凉河水引来，把它们串联起来叫木里水。因为筑挡打桩，修闸管水都得用木料，所以把木里沟正式称为木渠。

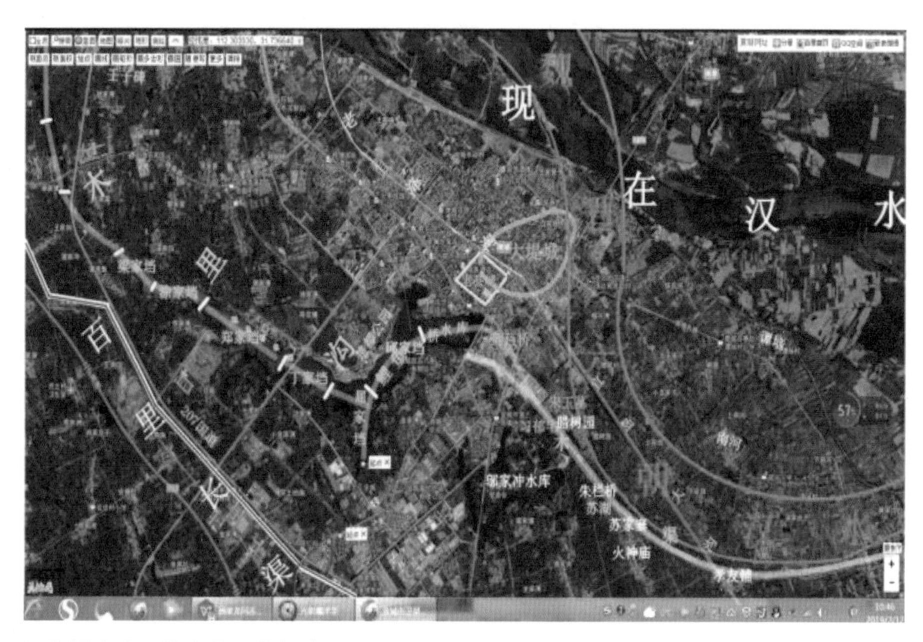

鲤鱼桥水库里的古木渠的堰挡图

在鲤鱼桥水库修建（1957 年）以前，木里沟的原貌是城西的一条大冲中间的水沟，依次保留有涂家挡、梁家挡、白家挡、郑家挡、丁家挡、屈家挡、邱家挡七个地名。地名虽不是古代的，但是反映了楚人也是沿沟筑挡开发出楚木渠南段的。1923 年湖北省第一条公路——襄沙公路经过木渠龙门桥通车。1958 年建成鲤鱼桥水库，主坝长 860 米，高 10.3 米，承雨面积 55 平方千米，库容 2400 万立方米，灌田 3 万亩。它的特殊价值有四：一既是木渠故道又是长渠结瓜，既有历史意义又有实用价值；二是城市内湖，美化了城市环境；三是湖岸有情侣路、楚都公园，使城市富有诗意，为市民提供了休闲的文化环境，提升了城市的文化品位；四是沿湖有湿地保护区，保护生态环境。

鲤鱼桥水库 · 月亮湾　　　　石昌国　摄

3. 汉木渠考

（1）开凿时间和新增灌溉面积

由于历史没留下王宠的生平信息，汉木渠的开凿时间，只能根据大的形势估计，最早是汉和帝永元年间（100年前后），最晚在汉顺帝永建年间（130年前后），前有豫章太守张躬在南昌附

苏湖桥

近“筑塘以通南路”，便于灌溉；后有“会稽太守马臻创立镜湖，在会稽、山阴两县界筑塘……溉田九千余顷”，正是11世纪东汉兴修水利高潮之时。木渠的扩建就是在这种形势的影响下进行的。“南郡太守王宠又凿之，引蛮水灌田七百顷，谓之木里沟，径宜城东而东北入于沔，谓之木里水口也。”（《水经注》）汉木渠也有1880年以上的历史了。灌田700顷，1顷=100亩，据《五曹算经》田曹的亩法，1亩=240平方步推算，古时一亩相当0.81市亩。木渠灌田700顷相当56700市亩，不到长渠灌溉三千顷的四分之一。这个灌溉面积当是新引来的蛮水增加的灌溉面积。面积不是太大，《后汉书》才没有记载。

（2）引水源头——灵溪堰

《水经注》只说引蛮水，并不知道引水处。郑獬在《襄州宜城县木渠记》中说：“木渠，襄沔旧记所谓木里沟者也。……起于灵堤之北筑巨堰，障渠而东行，蛮沔二水循循而并来，南贯于长渠，东彻清泥涧。”郑獬祖籍江西宁都，有赣南第一状元之称。从小随父母客居钟祥。任荆南知府时宋英宗治平二年（1065年），为表彰宜城县令朱纮修复木渠，作《木渠记》一文。首先指出木渠水源是蛮河灵堤北的巨堰（灵溪堰）。但是“蛮沔二水循循而并来”的“沔”是笔误，应为“维水”的“维”。到元仁宗延祐元年（1314年）何文渊任襄阳知府，作《重修武安灵溪二堰记》载：“灵溪之为堰，首受清凉河，下通于木渠。”明确指出灵溪堰在清凉河上。《乾隆襄阳府志》载：“清凉河发源于南漳县西北百四十里的之西溪洞，又名老龙洞，有灵异。”说明清凉河发源在南漳西北56千米的老龙洞，而不是南漳东北24千米的潼口河。清凉河就是古漳水，现在的蛮河支流南漳人叫的王家河。而不是有些教授考证的鄢水的石河、铺河，那是楚木渠北段的引水处，属于古维水现在的潼口河。

灵溪堰到底在清凉河的什么地方?《大元一统志》曰:“按旧碑，鄢水出中卢西山清凉河，过灵堤斗折而东为木渠。”说明（1）鄢水是蛮河,它的两条上源长度接近，古人把蛮河干流误认为清凉河，就像把岷江误认为长江干流一样。（2）鄢水不是维水（潼口河）。

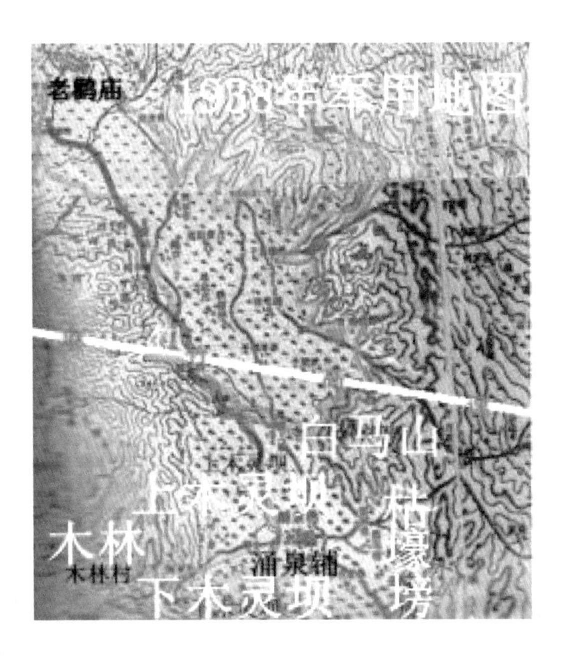

《宋会要稿》记载:“乾道九年（1173 年）因白马坡以东石子山，木眼山合渠处类多损坏，权京西转运判官吴仰，复申立即修理。”出现白马坡、石子山、木眼山的地名，这是寻找灵溪堰的重要线索。于是在 1938 年测绘的军用地图上在涌泉铺附近找到了白马山、枯壕塝、上下木灵坝，又在南漳县地图上找到了木林（灵）村。白马坡即白马山的山坡，上下木灵坝分别是明朝万历年间南漳县令董志毅，清朝咸丰九年（1859 年）南漳县令王霖所修建。是木渠堙废后，明清时南漳修筑 72 个河垱堰塘时的地方工程。这是根据襄阳知府甘国炷的《重修灵溪堰记》得知，不过甘知府并不知道他说的不是木渠灵溪堰，而且开句“南漳，故临沮，距县治东四十里许，有堰曰灵溪”，就把里程说错了。清朝要异地做官，知县、知府都是外地人，当官都得说官话（京腔），而宜城、南漳话都是四、十不分，他们听当地百姓说南漳到涌泉铺 14 里听成了 40 里。上下木灵坝的北边，现在麻竹高速公路南边，两山之间才是木渠灵溪堰的坝址。这是根据涌泉铺附近的地名和我们实地考察的结果确定的。

涌泉铺和老鹳庙之间面积约 5 平方千米的巨堰才是木渠的引水源头真正的灵溪堰。现在涌泉铺被南漳开发为工业区，上下木灵坝建设成美丽的湿地公园。涌泉铺的涌泉就是灵溪堰蓄水形成的。

（3） 汉木渠渠线

汉木渠引水渠道不在宜城境内，而民国时期的《南漳县志》说："从南漳越山岭向东引水简直是离奇。"意思是木渠不可能从山地经过，但是从来没人实地考察过。笔者在 1993 年徒步初探一次，印象是渠道久已堙废。可能的引水口有 A、B 两处，都要凿开大龙山向南延伸的第一道山脊。渠道有南北两线可选。

要知道木渠的渠道，就得先了解南漳灵溪堰与宜城谭湾水库之间的地势是北高南低。大龙山向南伸出 5 条山岭，木渠要从西向东引水，就得凿断山脊，要不就得绕开它。开渠最难的工程是开凿木眼山。《大元一统志》载："截渠为木里山，凿山脊而下者十五丈，激水东注，可千步，

汉木渠在南漳县境内走向图

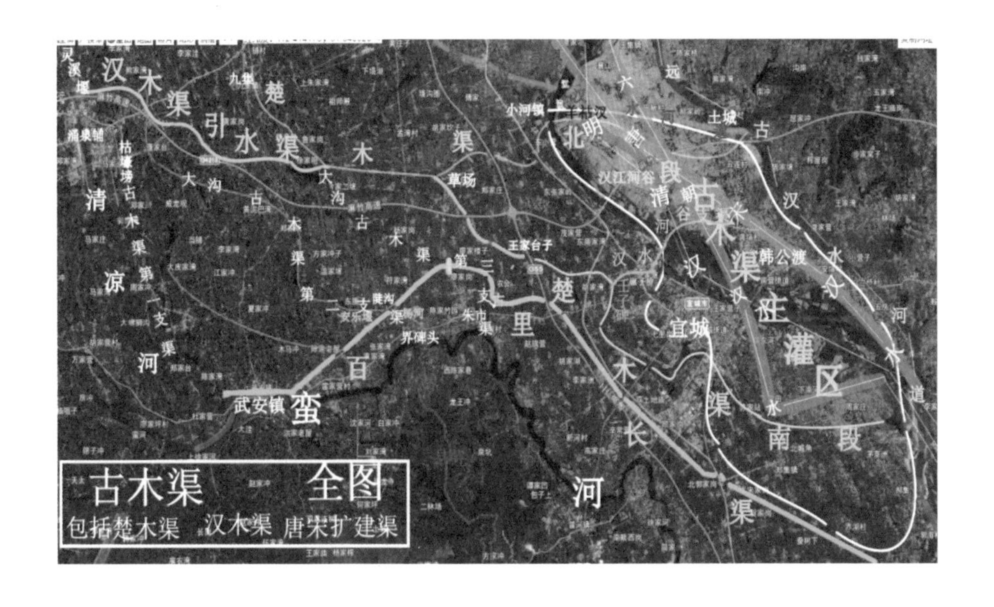

古木渠　全图
包括楚木渠　汉木渠　唐宋扩建渠

而山之麓遂穷，渠近百余里。”根据沈括《梦溪笔谈》考证，1 宋尺＝ 1.37 古尺，已经接近市尺（3 市尺＝ 1 米），元朝时凿山脊而下 15 丈就是 50 米，相当于地图上两条半等高线。凿山脊的长度千步，单步为跬，复步为步，一步＝ 1.5 米，千步就是 1500 米，正是山岭的宽度。由渠道凿山脊深 50 米推测，渠底宽 5 米，坡度 1 ∶ 1，上口宽为 105 米，土方量约 70 万方，人力开挖的确是不小的工程。引水口有 A 、 B 两处可选，就会有北渠、南渠两条渠线可选。北线比较理想，但地势比南渠高，能不能引水入渠，不如南渠线把握大。越过最后一道山梁时北线是从王家嘴子、南线从薛家庙凿开山脊 10 米深，上口宽 30 多米。把水引入现在的宜城境内楚木渠北段，再折向砖庙草场，穿越湖区（徐家湖、杨麻子湖只是明清围湖造田时留下的地名，古时只能叫湖区），下接楚木渠南段，到黄家沟口入汉水，渠近百里。支渠进入汉水河谷，现在汉水东岸的王集、南营、官庄是古木渠的主要灌区。

4. 古木渠的工程特点

从灵溪堰引来的蛮水像一条银线把它们穿起来。形成了汉木渠的工

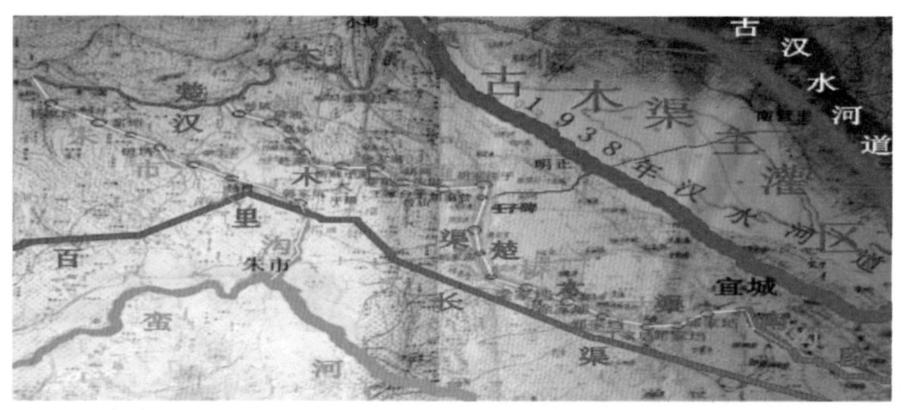

楚木渠南、北两段地图

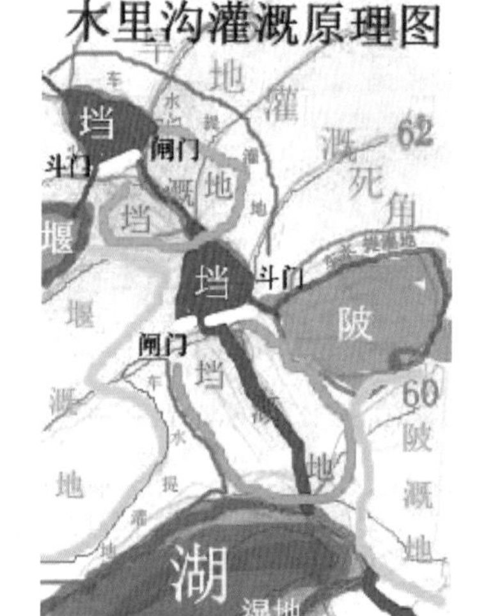

木里沟灌溉原理图

程特点：

灵溪巨堰，木里凿山；长途引水，穿珠银线；灌排兼顾，垱垱相连；长藤结瓜，有陂有堰；贯通长渠，组网并联；壬子立碑，管理周全。从南漳灵溪堰引水到宜城黄家沟口入汉全长49千米，像一条银线穿过几十个堰垱，堰垱和沟渠既可灌田又可排泄害水；郑獬《木渠记》载：“通旧陂四十有九，渺然相属如联舰。”《大元一统志》载：“起水门四十六，通旧陂四十九。”引蓄结合、长藤结瓜式的灌溉系统，是在木渠上最先出现的。

5. 壬子碑铭刻木渠管理制度

北宋曾巩在《襄州宜城县长渠记》里记有至和二年（1055年）宜城县令孙永（字曼叔）修复长渠，又“与民约束，时其蓄泄，止其侵争”，也就是不仅修复了长渠而且订立了用水管理制度。18年后，曾巩调任襄州路过汴京时，开封知府孙永来访，告诉他曾经修长渠的事，拜托曾巩到任后了解一下他当年订立的规矩是否还在实行。曾巩到任后老百姓都

壬子碑位置图

称赞孙永是个好官，他立下的规矩至今仍在。1075 年曾巩致书汝阳知府孙永，并写下《长渠记》这篇文章传之后世。这里要插进的历史是曾巩到襄州前 8 年，即宋英宗治平三年（1066 年），宜城县令朱纮就复修了木渠。7 年后宋神宗熙宁五年岁次壬子（1072 年），参照长渠管理经验，订立制度，刊石立碑，这就是壬子碑的来历。碑的时间与碑文内容就可以肯定了，曾巩写《长渠记》的时间，正是在此碑立后 3 年。此碑距今 900 多年，早已不存在了，地名能保留至今就说明宜城是历史上的水利之乡。有人说这不是什么碑，而是壬子陂，陂塘就是池塘的意思。假若壬子碑是一个池塘的名字，何以能历史流传。既然是木渠用水制度碑，所以立在木渠干渠与支渠分离处。这条支渠在卫星地图上明显可以看出，它是北宋朱纮修复木渠时把孙叔敖的长渠北干渠疏浚而成的，人们就认为它是木渠通向汉江河谷主灌区的支渠了。欧阳修在参知政事（副宰相）任中，读到郑獬的《木渠记》表彰朱纮的事迹后，题诗道：

因民之利无难为，使民以悦民忘疲。
乐哉朱君障灵堤，导鄢及蛮兴众陂。
古溪废久人莫知，朱君三月而复之。
沃土如膏瘠土肥，百里岁岁无凶饥。
鄢蛮之水流不止，襄人思君无时已。

可惜具体事件历史失记，只能逻辑推论，由影像判读提供证据。

五、长渠、木渠并联成网

1. 木渠是怎样贯通长渠的

历史上只说木渠南贯长渠，在何处贯的？怎样贯的？从来无人考察。现在有卫星照片，不但清楚地看出现在的沟、渠是怎样连接的，而且能从土地平整时地块的不规则形状的走向，判断古代的沟渠情况。

古木渠与长渠贯通的第一处是南漳的安乐堰一带。现在安乐堰是建筑在界碑头大沟上的堰垱，它的溢洪道是架在长渠之上的渡槽，当然安乐堰的水可以直接导入长渠。而界碑头大沟，可以视为木渠第二支渠，所以安乐堰只能是木渠而不是长渠的结瓜工程。古时虽然没有现在的安乐堰，一定有古代的堰垱把木渠的水导入长渠。

古木渠与长渠贯通的第二处，即长、木二渠沟通的中心，也就是宜城渠道的枢纽地带是杨岗节制闸—郭家坑—朱市大沟一段3000米的地段。

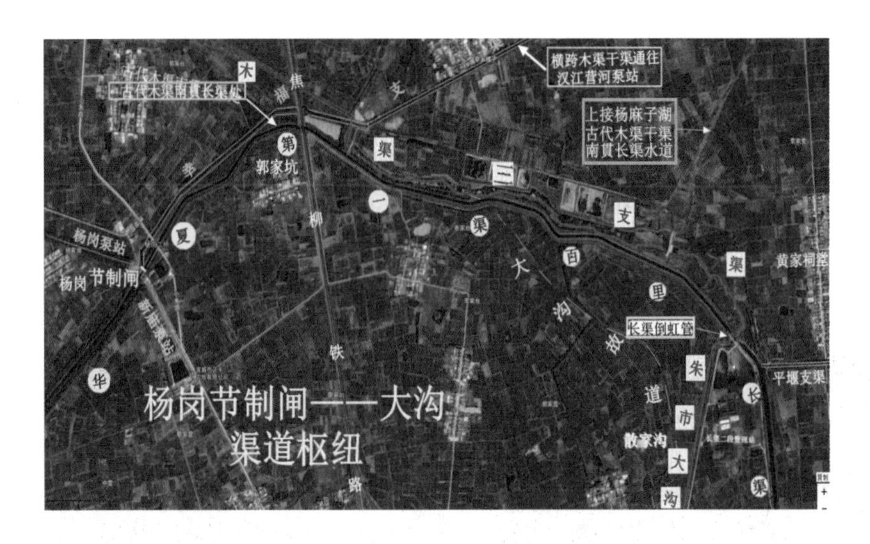

长渠杨岗节制闸一关闭，上段渠水上升进入幸福支渠，不仅能倒灌木渠，灌溉古木渠灌区，而且直达汉江营河泵站，汉江可以直接补充长、木二渠水源。这里有一系列的大小闸门、倒虹吸、水立交、电动抽水站、水轮泵翻水站、铁路、公路桥梁。可谓渠道枢纽。

古木渠与长渠贯通的第三处是吕家岗（今黄集村委会）。现在有长

渠吕岗支渠，引长渠水跨越木渠经壬子碑、碾子桥到太平岗。古时长渠从吕家岗下通木渠的水道也可在卫星地图上看出。这里是长渠节点，有大挖方护坡、干渠衬砌，公路桥、二广高速收费站、古迹善谑驿，是长渠观光景点之一。

2. 长、木二渠排灌网

木渠的最大特点是把人工引水渠道和天然水沟、自然湖泊连接为整体，并尽量利用天然水沟与长渠贯通，沿水沟筑挡灌田。充分利用自然湖泊和堰挡蓄水结瓜。

古时，汉水河道在东山边，木渠的主灌区在现在的汉水以东。长、木二渠并联成网，干渠有四横四纵。四横是：①楚木渠（涑水），②长渠北干渠（从长渠节点通往孙叔敖封地现在的南营），③汉木渠（木里沟），④长渠南干渠（通往楚鄢都的赤湖）。

四纵是天然水沟：①安乐堰大沟（从九集南通往界碑头入蛮河，在安乐堰与长渠贯通），②陡沟，③朱市大沟（从谭湾到朱市曾洲入蛮河，

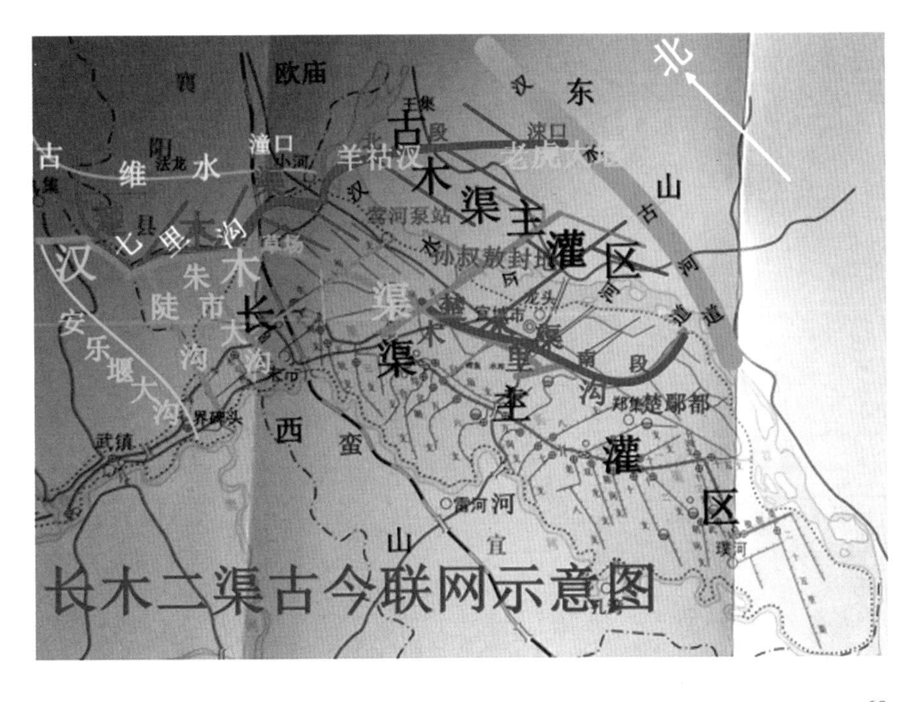

长木二渠古今联网示意图

现代长渠灌区图

襄阳县
南漳县
钟祥县
汉江
蛮河
小河
龙头
郑集
长渠
雷河
朱市
璞河
武镇
孔湾
进水闸
流水

图例

干渠		主次公路	
支渠		地区界	
排涝沟		县界	
泵站		乡镇	
水库		管理段	
节制闸		行政村	

在郭家坑贯通长渠），④涟泗洪河贯通楚木渠（涑水）与长渠北干渠孙叔敖的云梦大池。

现在，汉水河道摆到西岸，木渠主灌区消失。七里沟、羊祜汉、老虎大堰都成了历史遗迹。谭湾水库和小河陈岗抽水渠弥补了楚木渠的功能。现在的长、木二渠并联网的规模比古代大为缩小，新的网纲仍然有四横四纵。四横是：①谭湾水库高干渠（代替古代的七里沟），②幸福支渠（从营河泵站抽汉江水补充长木二渠），③吕岗支渠（代替古代的长渠北干渠），④长渠干渠。四纵是：①朱市大沟，②木里沟，③宜岛大沟（汉江汙区排水沟，从市区通到郭海营），④二十五里渠（长渠的尾渠，直通岛口排灌站，既可排涝，又可抽蛮河水倒灌长渠）。无论是古是今，四纵四横都是网纲。纲举目张，渠道细目之间的联结不及细数。

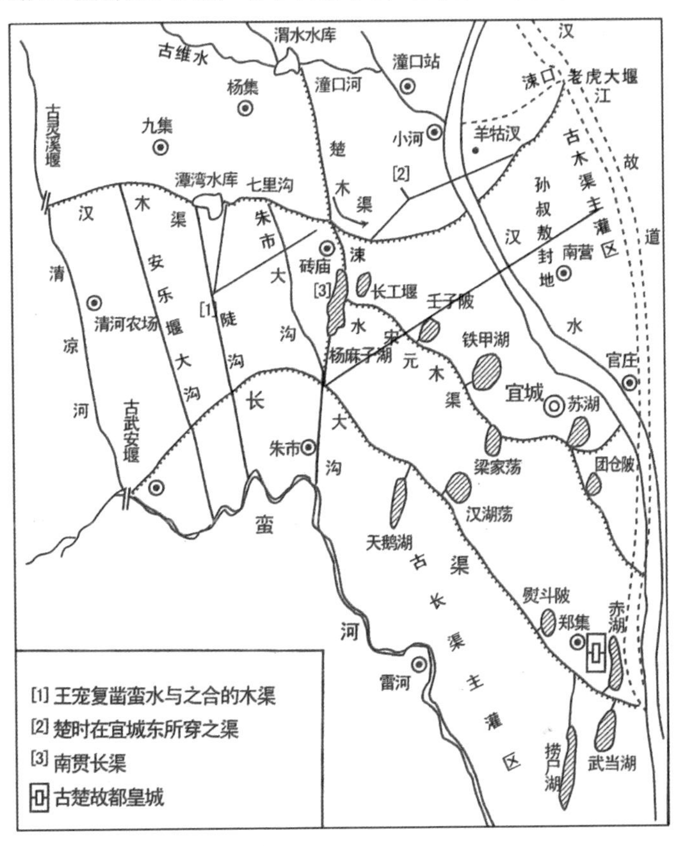

古代长、木二渠联网示意图

六、对长、木二渠发展规划的建议

长、木二渠是一套从古至今不断发展完善的系统工程，而且要与时俱进，取得更光辉的成就。为此建议如下：

1. 固化渠道，惜水节能。土质渠道的渗漏率占输水量的1/3。长渠有珍惜水资源的先进理念，有在部分干渠渠段护坡衬砌的实践经验。宜作长远规划，分段、逐步把提水渠道、渗漏较大的干支渠衬砌固化。

2. 美化渠岸，开发旅游。襄阳市水利局与三道河管理局，对长渠沿线的绿化美化及观光道路已有规划，并已取得一定成效。本书只建议要进一步突出重点，加强观光点的建设。除开南漳三道河、武镇渠首的观光建设外，南漳境内要增加：

（1）涌泉白马山灵溪堰遗址；木林（灵）村，上下木灵坝遗址；结合南漳县湿地公园建设一并进行，宣传南漳的水利建设的历史文化。把长渠、木渠作为一个整体对待。

（2）石门集水库，是南漳、宜城、襄阳三县民工共建的大型水库，其意义是把灵溪堰提高到石门集，扩大了古木渠的规模和效益，是新中国的建设成就。

（3）安乐堰观光点，是九集南—安乐堰—界碑头大沟古木渠南贯长渠的贯通点，是拦截大沟的大型堰塘。现在的溢洪道是架渡槽与长渠立交。是古木渠的结瓜工程而不是长渠的结瓜工程。在此出土过“蔡侯朱缶”，附近有大批楚墓群。是一处宣讲楚国历史文化、长木二渠的重要观光点。

宜城境内要增加：

（4）宜城境内的杨岗节制闸—郭家坑—朱市大沟水利枢纽，这里有一系列渠道建筑物，长、木二渠贯通处，幸福支渠起点，铁路、公路桥梁。

修通沿渠环形观光汽车路，美化渠道环境。

（5）长渠节点，从善谑驿、黄集长渠公路桥到长渠直角拐弯处，吕岗支渠（孙叔敖北干渠）的起点，折向西是长渠大挖方，有长渠护坡，渠道衬砌。二广高速跨渠而过，这里是渠道工程最壮观的一段。

（6）鲤鱼桥水库楚都公园，这里最适宜建设长木二渠展示馆。

（7）宜城工业开发区，207 国道、长渠干渠、二广高速三线并列处，适合设立永久性标语牌，五个大字——华夏第一渠，使路经此地的来往车辆都能看清。

（8）207 国道楚皇城路口的荩忱渠碑及白起引水灌鄢处。是楚国历史文化与长木二渠的水文化的交会点，是发展旅游的重中之重。

3. 消除隐患，排灌并重。鲤鱼桥水库是城市内湖，但是现在没有溢洪渠道了！一遇泄洪，就把洪水排入汉江圩区，增加了市区和宜城“水袋子”的险情。最初设计溢洪道时，蒋敬尧工程师就提出把溢洪道直通蛮河，只因与长渠干渠的立交无法解决，才援用传统办法，通过木渠渠道，把水泄入汉江。现在木渠渠道被私人分段承包，各自拦渠筑坝，木渠失去排水功能。一座中型水库没有了泄洪渠道其隐患不难想象。可是人们的侥幸心理是，有宜岛大沟可以排洪无忧。可是宜岛大沟设计时并没有考虑鲤鱼桥水库的泄洪流量。

宜岛大沟，是 20 世纪 70 年代开始开挖的，它是汉江圩区排涝的骨干工程。圩区的重要性在本书已有说明。当年宜城县委书记陈仲华上任不久，就遇到 30 年一遇的日降雨量近 100 毫米暴雨，城区内外积水内涝，庄稼地里一片汪洋，一个星期水才排完。陈书记带领有关干部和技术人员，拄着拐棍蹚水考察整个内涝地区，召集沿途的三个公社的书记，与群众代表现场办公，讨论防渍排涝的根治办法。大家一致认为要疏通老浄沟，往下游开挖一条排水大沟纵贯整个圩区，分段与汉江河堤排水闸相通，最后在岛口设大型电动排水站，把剩余渍水排入蛮河。工程命名为宜岛大沟。原则是整体着眼，分段排水，高水高排，彻底根治。道理是这样，一接触实际利害，态度大相径庭。城关镇和龙头公社欢欣鼓舞；茅草、何骆积极赞成；郑集公社地处中间，随大流；璞河公社在下游，激烈反对。所以工程半途而废，挖到郭海营入汉江为止。当初提出这个工程设计的又是蒋敬尧，他不是宜城人，对宜城历史不熟。不知道民国时为排泄积水，璞河垴团总在石孙、王洲之间筑横堤阻拦积水下泄；护驾洲以上的群众强行扒堤放水，双方发生械斗。失败的上八营就去枣阳请来万仙会，设佛堂发展组织，画符念咒，号称刀枪不入。扒堤成功，迷信膨胀，聚众进攻宜城县城。最后被弹压，留下历史教训。治水不只是工程问题，而且事关社会安定和谐。宜岛大沟工程的设计者，不知历史经验教训，低估了群众的反弹情绪，不仅工程半途而废，宜岛大沟实际是宜郭大沟；而且连老浲沟也没保住，发展为市区时被各自挤占，跨沟建房，成为地下阴沟。使市区排水不畅，遇大雨街道就积水。鲤鱼桥水库以上 55 平方千米的集雨面积，遇到 30 年一遇的日降雨量 100 毫升的暴雨时，就有 500 万方洪水要排入宜岛大沟，此事正被后任的宜城市委唐有月书记赶上，他问水深及大腿巴子的腊树村支部书记：“你站在哪里？”李茂安答道：“我站在宜岛大沟沟堤上。”望着一片汪洋的洪水，唐书记感叹道：“鄢城（市区的名称），鄢城、淹城；你也别淹我的农村！”特别是雅口电站正常蓄水后，茅草洲以上很多地面低于汉江水平面，下一个 30 年的周期，情况将更为严重。

未雨绸缪，建议领导高度重视，根据高水高排的原则，决不能再把鲤鱼桥水库的泄洪，排入圩区水袋子里了。为此建议用盾构机开挖新溢洪道，方案如下图：

4. 加强宣传，珍爱遗产。（1）乡愁是一种从小培养成的对家乡的热爱，习近平总书记说过，要热爱自己的家乡，首先要了解家乡。对家乡知之越深，才能爱之越切。长、木二渠，养活了我们祖祖辈辈，现在还养育着宜城一半人口。它默默为我们奉献了两千多年，我们对它一无所知，能不问心无愧吗？水利部门要主动研究长渠，正确地宣传长渠；教育部门可以组织学生参观长渠，认识家乡；文化部门要像对宋玉一样掀起长渠文艺创作热，拿出作品；工商界可以创造以长渠为商标的名牌产品；

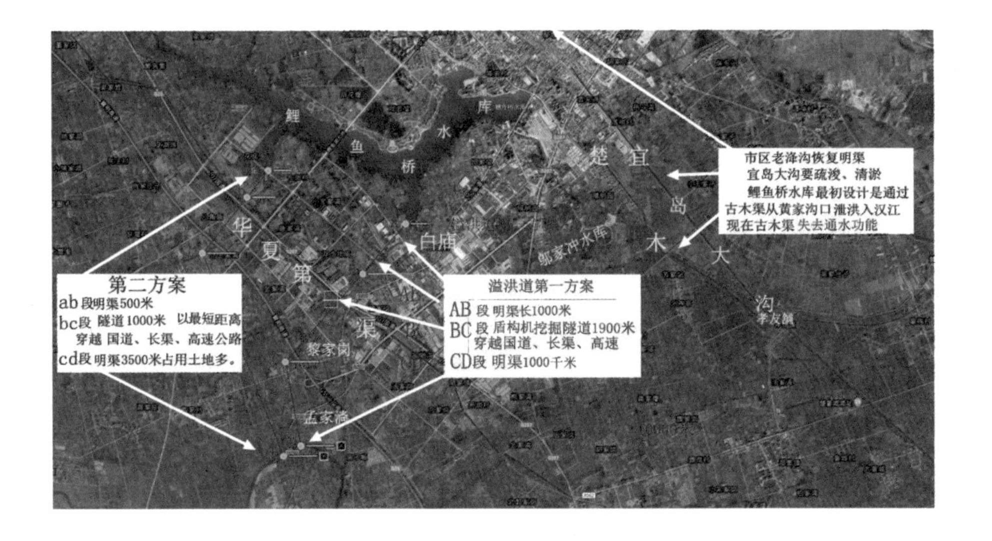

老百姓可以把长渠的故事世代相传，全民珍爱宝贵的历史遗产。这一切都需要各级领导的重视和全民参与。

（2）做到对长、木二渠的研究有基础、宣传有平台，对遗产的珍爱有体现，对群众进行珍惜水资源、保护环境的教育，最合适最有效的办法是：在楚都公园内，鲤鱼桥水库突出的岸边建一座“长渠、木渠展示馆”，这才是宣讲华夏第一渠、世界灌溉工程遗产最适合的地点。因为它是古木渠的故道，是长渠的最大结瓜工程，是汉江圩区排涝工程的起始点。宜城居于南北交通干线的中间，可以作为打造三国文化、楚文化、抗日战争及苏区红色文化三大旅游路线的交会点。

（3）过去单独申报长渠为国家文物保护单位，因没有找到长渠的历史遗址而失败。现在长渠成为世界工程遗产，而且找到木渠多处2600年前的遗址，应当再次申报长、木二渠国家级文物保护单位。

附录一

悠悠渠水　悠悠乡愁

乔余堂

百里长渠是一个传奇。

2300 年前，秦将白起于南漳武镇以西筑坝截蛮河水，凿百里长渠，引水攻楚郢城。经此一役，楚国被迫迁都，白起受封武安君。

2300 年间，百里长渠几经湮塞，几经修复，长渠的曲折见证着中华民族的历史变迁。

2300 年后，三道河水库高蓄下泄，确保了百里长渠一渠清水悠悠东流，近 980 平方千米的灌区长年旱涝保收。

君不见，百里长渠从武镇直下，清悠悠的渠水奔流向东，犹如一条玉带，飘飘洒洒，在宜城平原舞动着它轻盈优美的身姿。身姿舞动处，田野随季节变化或翠绿，或金黄，不由得让人赞叹起它的神奇力量。君不见，悠悠渠水向东流淌，流进支渠，流向堰塘，渗透到灌区的每一寸土壤。如果说，长渠的干渠、支渠、农渠、堰塘是布满灌区的血管，那么渠水就像血液，流向灌区庞大的躯干，流经处必使生命唱响、鲜花绽放、果实飘香。君不见，历朝历代，欲治理荆襄，必重视长渠。何也？渠水流畅，地利人旺。

我的家，就在这既古老又现代的百里长渠边上。我生于斯，长于斯，直到二十岁为了求学才离开长渠，离开家乡。

悠悠渠水，既是农业灌溉用水，也是我儿时家乡的饮用水。曾记得，渠水流进池塘后，或驻足、或流淌。当它驻足时，池塘里可养鱼，可种藕，尤其在夏日里，荷花盛开，碧绿的荷叶随风飘荡，呈现出生机勃勃的景象。

当它流淌进田间，无言地滋润着每一株禾苗，即使在炎炎烈日下，禾苗的头依旧高昂，挥汗如雨的乡亲，也因此将笑容挂在脸上。

曾记得，大家约定俗成，将离住处较远的一口堰塘确定为饮用水塘。每当晨曦初露，或晚霞未尽时，每家每户都有人挑水回家，一担，两担，直到装满水缸。我也曾是这挑水队伍的一员。肩上一根扁担，扁担两头系着绳钩，一头钩起一只装满渠水的水桶，行走在乡间小路上。扁担吱呀吱呀地在叫，水桶随着脚步一左一右地在晃动着，犹如一首乡村小调变奏曲在原野传唱。

曾记得，流淌着渠水的农渠，也是乡亲们劳作过程中的天然水缸。累了、渴了，人们就蹲在渠边，用手拨开渠水表面的杂物，然后掬起清凉甘甜的渠水，送入口中，一股凉意，一股甜味，沁人心脾。回想起来，现在的矿泉水、纯净水，未必如儿时渠水般甘甜。

曾记得，稻田里的水，我也饮之如甘露。儿时放牛，如果放牛的地方离家较远，母亲就会让我带上一两个馍馍做干粮，中午就可以不回家了。肚子饿了，掏出馍馍啃几口。冷馍馍难以下咽，就近到稻田里拨开秧苗，双手捧起稻田水喝了下去，直觉得馍馍很香，稻田水很甜，人很酣畅。奇怪得很，就着稻田水吃干粮，我居然很健康地成长。

渠水悠悠，常年流淌。不觉间，我已离开家乡 40 多年了。其间也曾回去过，大多是来去匆忙。虽然也曾路过长渠，却未曾再掬起清澈的渠水，洗一洗脸上的灰尘，润一润烟熏的肺腔，清一清游子的千般愁肠。总觉得有的是机会，以至未曾有过思恋般的回望。这让我至今引以为憾。

渠水清悠悠，乡愁情难已！

长渠与木渠的古与今

乔余堂

长渠和木渠，是宜城平原上两个重要的古代水利工程。查百度汉语，渠的本意是水道，特指人工开凿的河道或水沟。按此理解，长渠和木渠都应当是古人开凿的人工水道。通常的说法是：长渠不迟于公元前 279 年已经成渠，木渠修建于何时，尚不可考，但在汉献帝初平元年（190 年）之前即已存在，则是确定无疑的。但很长时间以来，不少资料把两渠描述为同一个源头，给读者造成误解，在实践上也产生了很大的矛盾。从现在的灌溉实际情况看，木渠的源头及上段，自元初以后，已湮塞近千年，其下段已与长渠浑然一体，构成了宜城平原的长渠灌区网络，故理清长渠、木渠的“古”，才能更好把握长渠灌区的“今”。

一、长渠、木渠各有源头

关于长渠和木渠的源头，现有资料的表述多有矛盾之处，这是不得不加以辨明的。有一种引经据典的说法认为，长渠和木渠同在宜城西山引蛮水（夷水），同汇于沔水，二渠一南一北。这种说法值得商榷。

木渠的源头不在蛮水（蛮河）。从地理位置的分布可知，木渠不可能与长渠同在西山引蛮水。长渠是在南漳县武镇以西的谢家台筑坝开渠引水的。武镇以西及西北的山脉均属荆山山脉，也被称之为宜城西山。西山而下，自西向东，木渠在长渠北，蛮河在长渠南，如果木渠与长渠同在西山引蛮水，那么，或者是在武镇更西的蛮河上游，或者是翻过长渠在蛮河引水。以当地的地理条件和当时的生产技术条件，这两种情况都是不可能出现的。

木渠的正源是现襄州区潼关河上游的石河和铺河（即古鄢水）。著名历史地理学家石泉先生对此进行过认真考证。北宋中期郑獬所著《修宜城县木渠记》指出，木渠源“出于中庐之西山，拥鄢水走东南四五十里经宜城之东北（今小河镇东北）而入于沔”。郑獬还指出，木渠久废之后，宋治平三年由宜城县令朱纮主持修复，上筑“灵堤”巨堰，引渠水东向，南贯于长渠。由此可知，木渠之上源为鄢水，位于长渠以北，而长渠源于蛮河，二者是不可能同源的。

在史料中之所以出现木渠和长渠同源于蛮水（蛮河）的观点，根本原因在于混淆了古今蛮水，错把今蛮水和古蛮水当成同一条河流。据石泉先生的考证，古鄢水在更早的时候也称为蛮水，而现蛮水（蛮河）在更早的时候则被称为沮水。这种地名（河流名）搬家的现象，在中国古代历史上屡有出现，甚至可称为地名随人搬家规律。

弄明白木渠与长渠的不同源，就可以帮助我们进一步理解木渠之水“南贯于长渠”的水利意义。

二、木渠入长渠始于东汉，二渠汇合于宜城平原南部

汉献帝初平元年（190 年），当时的南郡太守王宠大兴水利，主持修治长渠和木渠，并使之相通。两渠最初在何处贯通，现有史料说法不一。目前可有一个大致的判断：二渠最初交汇，当在宜城平原中南部。

首先，从二渠的流向分析，只有宜城平原中南部才有交汇可能。木渠通过现市区鲤鱼桥水库（水库系木渠故道之一），而长渠过朱市王旗营再偏东南。在此之前，木渠上段更偏西北再向南走向，而长渠则由西向东再偏东南走向。这就是说，在长渠和木渠的上段，二者交汇是不现实的，只有两渠流向向南乃至都偏东南流向时，两渠的相通才成为可能。因而，结论只能是：长渠和木渠在东汉时，相汇于宜城平原中南部。

其次，当时引水扩大灌田面积的重点在宜城平原中南部特别是南部。当年兴修水利是既要扩大长渠的灌田面积，又要扩大木渠的灌田面积。

宜城平原的南部大部分是汉江和蛮河交汇形成的冲积平原，修治两渠并使之相互贯通，不仅扩大了灌田面积，而且渠水由东南而下，能比较容易地形成自流灌溉。就当时的情形而言，木渠水源相对偏少，因而灌田面积小；长渠水源相对充足，因而灌田面积大。两渠相通，还有利于扩大木渠的灌田面积。两渠修治的效果是显而易见的。史料记载，正是这次修治，长渠灌田面积达到 3000 顷，木渠灌田面积也达到 700 顷。由此也可以认为：长渠和木渠在东南流向的某一点或某几点实现互通，不仅是可能的，也是必要的。

其三，在宜城平原南部修治长渠和木渠，在当时条件下有利于集中人力、物力、财力。据石泉先生的考证，宜城平原南部的楚皇城，即是楚国东迁前的都城即楚郢都。公元前 279 年，秦将白起水攻楚国郢都，楚国都城被迫东迁后，此城并未全废，东汉南郡的郡治即设于此，名为江陵。我以为此说从历史地理学的角度看是正确的。郡治在此，太守主持两渠修治，既便于号召，也便于组织（以后历代对长渠、木渠的修治，多是由县令主持）。附带一提的是，正是在汉献帝初平元年，刘表被朝廷任命为荆州刺史，州治也从汉寿（湖南汉寿）迁到了襄阳。

经过公元 190 年对长渠和木渠的修治，使宜城平原遂无饥岁，号称“天下膏腴”。其后，唐、宋、元时，均对长渠进行了大规模修复。尤其到了宋代，在修复长渠的同时，对木渠全线也进行了系统修治，使两渠的灌溉面积达到 6000 顷。需要指出的是，两渠修治的一个重要目标，是使木渠“南贯于长渠”。至于两渠贯通之地，史书上有赤湖说、朱湖陂说等，说法不一，但二渠贯通，能更充分地利用水资源，进而扩大灌溉面积，这一点当是确定无疑的。

三、当代的长渠灌区包括了古木渠南段

自元朝初期对长渠和木渠进行修治之后，明清两朝完全湮塞废弃。这既有战乱的原因，也有蛮河长渠水源之争，还有上游商贾与下游士民的利益纠纷。例如，清嘉庆十二年（1807 年），宜、南两县民众合呈请

修长渠，武安镇商绅则以（蛮河会）断水妨商为由予以反对。官司打到湖北安襄郧兵备道兼水利事务总督处。督宪断案：该渠不可疏凿。武安镇富商以石勒记“奉承宪禁”。据说此碑尚存。

抗日战争时期，第三十三集团军总司令张自忠驻防宜城，曾电请湖北省政府复修，但终因战乱半途而废。

新中国的成立，迎来了修治长渠的春天。经水利部批准，湖北省、襄阳专区于1952年春，组织7万劳动大军，历时1年4个月，对长渠进行了系统整治。1953年5月1日，长渠全线通水，输水流量达到10.2立方米每秒，通水当年即灌田10万余亩。1966年，在蛮河上游，距南漳县城2千米处，建成了库容达1.6亿方的三道河水库，长渠的引水条件得到进一步改善，过水流量增加到43立方米每秒，灌溉面积也超过了30万亩。

据《宜城志》记载：明清以来，未闻修理木渠事。民国时期，木渠已失去灌溉能力。至中华人民共和国成立初，木渠上游已不可见，仅遗存从朱市黄家集起，中经古鲤鱼桥水库、鲤鱼桥、朱栏桥、苏湖驿站桥、黄家沟闸入汉水的一段。中华人民共和国成立后在扩修长渠的同时，引长渠水入木渠剩余一段，并分别于1957年至1958年，在木渠干渠上兴建了邬家冲水库和鲤鱼桥水库，使长渠和木渠构成了一个有机整体。在2000多年的历史长河中，长渠和木渠由在宜城平原上的二渠争辉，到合二为一，形成统一的长渠灌区，灌区面积达980平方千米，也算是一种殊途而同归了。

长渠的历史，长渠的特点，使它在世界水利建设史上，散发出独特的光芒。2008年，长渠被列为湖北第五批省级文物保护单位。2018年，长渠被列入世界灌溉工程遗产名录。

百里长渠的古水利文化

乔余堂

2018年8月，国际灌排委员会在加拿大萨斯卡通召开第69届国际执行理事会，正式确认中国湖北襄阳白起渠（长渠）为世界灌溉工程遗产。长渠能够入选世界灌溉工程遗产，就因为它独特的魅力，独特的优势，独特的水利文化。

一、最早的〝军转民〞工程

百里长渠位于湖北襄阳的南漳和宜城之间，又称为白起渠。据说，它被《中国水利之最》列为“我国最早的灌溉渠道”。从公元前279年成渠至今，已有2300年的历史了。

长渠最早是做军事用途的。中唐时期的《元和郡县图志》记载：“长渠在县南二十六里，昔秦使白起攻楚，引西山谷水两道，争灌鄢城。”讲的是这样一段史实：秦昭王二十八年（前279年），秦王遣白起将军攻楚国鄢城（据石泉先生考证，实为楚国都城郢，有的史书称为楚之别都。位于宜城平原南部）。秦军久攻不下。白起考察地理形势，遂决定用水攻之法破鄢郢。秦军在距鄢郢百里之外的夷水（汉水支流，今蛮河）上游垒石筑坝，开沟凿渠，引夷水直下鄢郢。由于水势凶猛，致“水溃鄢城西城墙，又决东城墙，百姓随水流，死于城东者数十万”。这是《水经注》对水灌鄢郢惨况的描述。战事以秦军大胜而结束，秦王封白起为武安君，筑坝开渠引水处就成了武安镇，现名武镇。

清初顾祖禹《读史方舆纪要》也记载：“长渠……亦曰白起渠。秦昭王二十八年使白起攻楚，去鄢百里立竭，雍是水为渠，以灌鄢。鄢入秦，而起所为渠不废，今长渠是也。”也就是说，白起为攻楚而开凿的渠道，并没有因为战事的结束而被废弃，古人对这一渠道加以修缮，并利用它来灌溉农田。军用转民用，长渠成了武镇以东特别是宜城平原的重要水利工程。东汉末年，经过修治的长渠，渠首起至南漳武镇以西谢家台，东南至宜城郑集镇赤湖村入汉水，全长近百里，灌田达到 3000 顷。当代，长渠的灌溉面积超过 30 万亩。

二、长藤结瓜式的工程结构

长渠在水利史上的一个重要贡献，就是建设了长藤结瓜式的陂渠系统，有效缓解了生产生活需求与水资源不足及供给不平衡的矛盾。例如宋代在长渠修复过程中，起水门四十六，通旧陂六十有九，陂渠相连，犹如长藤结瓜。形象地说，水源地（渠首）是瓜根，长渠及其支渠是根上蔓长的瓜藤，一口口堰塘连着渠道，就像瓜藤上结的瓜果。农忙时堰塘放水灌田，长渠及支渠则源源不断地供水，犹如长藤为瓜输送营养，这就使水资源得到最大程度的利用。

现在，长渠主渠道近 50 千米，还建有 38 条支渠、661 条斗渠和 5770 条农渠，沿途建有中小水库 10 座，堰塘 2600 口。这种灌溉系统，至今还滋润着南宜两县数十万亩土地。这也是古代陂渠灌溉系统的继承和发展。

三、分时轮灌的水管理技术

宋代在继承、总结前人经验的基础上，形成了一整套的建渠管水用水制度。这套制度在古代水利史上最为成熟，也最具特色。古人把它概括为：“平徭役，分田畴，立约束，均水利，井井有序。”其中最令人称道的，就是“立约束”中的分时轮灌的用水管理制度。具体做法是：在长渠上设置若干水门即水闸用于调节全线用水，制订上中下游各段分时供水计划，需用水的渠段关上水门即可抬高水位，实行灌溉。用时一到即打开水门，保证下游用水。长渠全线长达百里，如果缺乏统筹，就会纷争不已，而分时轮灌就比较好地解决了这一问题。通过调度，使长渠各段水门何时开启、何时关闭有了一定之规，使水资源的利用更为合理，也减少了用水矛盾。唐宋八大家之一的曾巩对此大为赞赏，他在《襄州宜城县长渠记》中说："时其蓄泄而止纷争，民皆以为宜也。"不能不说，分时轮灌法，充分体现了古人的智慧。

在中国古代水利史上，秦国有三大工程著称于世，即郑国渠、都江堰和灵渠。与之相比，长渠的历史更长，其陂渠系统与水管理制度也独具特色。长渠和秦时三大水利工程先后被评为世界灌溉工程遗产，充分说明了长渠在中国乃至世界水利史上的地位和价值。

百里长渠灌溉史上的三次辉煌

乔余堂

公元前279年，秦将白起于南漳武镇西的蛮河上游，垒石筑坝，开凿渠道，引水拔郢，迄今已近2300年。如今，清澈的渠水在流淌，诉说着长渠令人扼腕的过往以及曾经的辉煌。

第一次辉煌：东汉末年大修水利，宜城平原成为“膏腴之地”

公元190年，即汉献帝初平之年，南郡太守王宠在宜城平原大兴水利。

一是修治长渠和木渠。木渠是在长渠以北的一项水利工程，其水源发源于西山，古鄢水（今潼口河上游的铺河和石河）是木渠的源头。二是最早使木渠和长渠相通，从而更大程度上调配和利用水资源。水利工程重点在宜城南部平原。通过对水系的修治和完善，使长渠的灌溉面积达到3000顷，木渠的灌溉面积也达到700顷。秦汉时期，1顷约等于现在的3.3顷，3700顷相当于现在的1.2万公顷即18万亩。

据《宋史·河渠志》记载，王宠主持修建后，宜城平原两渠的灌溉面积达6000顷。那就相当于现在的30万亩了。考虑到即使在现代，蛮河上游修建了三道河水库，长渠又历经改造，目前灌区的灌溉面积也只有30多万亩，那么，汉时宜城平原南部灌区面积为3700顷，应当是一个可信的数据。

尽管如此，王宠主持的两渠整治，使宜城平原农业生产条件得到极大改善。据北宋郑獬《修宜城木渠记》记载，工程完工后，宜城平原“遂无饥岁”，号称“天下膏腴”。

第二次辉煌，两宋时期，对长渠和木渠全面整治，二渠争辉古时，长渠灌区主要集中于宜城平原中南部，而木渠位于长渠北部，在宜城平原上几乎横贯南北。由于历史的原因，从南北朝到隋唐，长渠和木渠几乎沉寂了数百年。唐代安史之乱后，也曾进行过一次重修，但并未达到原来的灌溉水平。直到两宋时期，对长渠、木渠的整治，才使之重现辉煌。

北宋仁宗至和二年（1055 年），宜城县令孙永率民重修长渠，“理渠之堙塞，而去其浅隘”。北宋至平二年（1065 年），宜城县令朱纮又主持了对木渠的修建，使之“南贯于长渠”，长渠和木渠，“渺然相属，如联舰”。

南宋孝宗时期（1163–1189 年），首先对长渠进行了修治，继而又专门重修了木渠。两渠的修治，当时均由朝廷决策，指定军政两方面密切配合，疾速推进。

两宋时期，对长渠（包括木渠）重修的特点有：

（一）在上游扩修或兴建大堰，实现“高蓄下池”。在两渠重修过程中，首先加强了源头的整治，在长渠上游，重修了武安堰；在木渠的源头，重修了灵溪堰。由此，二渠“激水东注”，使灌溉水量明显增加。

（二）在重修长渠的同时，加强了对木渠的整治。从重修的安排看，两宋时期，总是先修治长渠，再修治木渠。一方面说明长渠在灌溉中的地位更为重要。另一方面两渠系统整治，使灌区面积进一步扩大。因为木渠在南贯于长渠之前，其北段也还有大面积的农田。修治的结果，除宜城南部“所治田，与王宠时数相若也”，木渠北段灌田面积也有相当的增加。此时，两渠灌田 6000 顷，应当是可信的了。

（三）蓄水用水管理制度更加成熟、完善。正是在这一时期，水渠的建、管、用，特别是“分时轮灌”用水制度在这一时期完善起来，使得能够“时其蓄泄，止其侵争”。这应当说，是中国水利史上的一个创举。

两宋时期重修长渠和木渠，效果是十分明显的。元初，也曾对两渠进行过重修，但那不过是宋代修治的“余利”。自此之后，明清乃至于民国，逐渐湮塞于历史中，失去其应有的光芒。

第三次辉煌：新中国成立后，上游建水库，灌区连成网

新中国成立后重修长渠，对长渠系的全面整治，收到三个效果。一是渠道复修全线贯通。经国家水利部核准，省水利厅会同襄阳专署，于1952年初春，组织南漳、宜城两县7万劳动大军，对长渠干渠和主要支渠进行全面整修，历时一年四个月，修复干渠48千米，支渠15条，并对渠首进行了全面改造，于1953年5月1日全线通水，输水量达10.2立方米每秒，当年灌田10万余亩。

二是在上游修建三道河水库。三道河水库在南漳县城以西2千米处，是蛮河上游的大（2）型水库。水库于1959年动工，1966年竣工。建成后的三道河水库以灌溉、防洪为主，总库容达1.5亿立方米，属多年调节水库。三道河水库的建成，使长渠过水流量达到143立方米每秒，灌溉常年用水得到保证。

三是灌区形成一体化灌溉网络。目前，长渠灌区面积达982平方千米。灌区内建有干渠38条，斗渠161条，农渠5770条。沿途建有中小型水库10座，塘堰2600口。这种灌溉系统较之古人的“长藤结瓜”更胜一筹。网络化的灌溉体系，使水资源进一步得到科学、合理运用，30余万亩农田，实现了旱涝保收，“膏腴之地”再现辉煌。

长渠（白起渠）的前身之谜

乔余堂

长渠始起于公元前279年秦将白起大破楚鄢郢之战。这是史有公论的。但是，白起要水攻鄢城，必须善借地利，方可收事半功倍之效。细细探究历史，这种地利果然存在。

据著名历史地理学家石泉先生的考证，宜城市郑集南的楚皇城遗址，正是战国时期楚国的都城——郢城（有的史书称为鄢郢）。在这里，发生了一系列与长渠有关的历史事件。

伍子胥水攻郢城是白起攻鄢的预演。据历史记载，楚平王时期，伍子胥的父亲伍奢是楚太子建的师父。楚平王为废掉太子，借谋反的罪名杀了伍子胥的父亲和哥哥，伍子胥不得不于公元前522年逃亡他国。伍子胥过昭关一夜白头的故事就发生在此时。

伍子胥逃到吴国后，辅佐吴王，厉兵秣马，并于公元前506年（楚昭王十年）引领吴军大举伐楚。据《寰宇记》记载："吴通漳水灌纪南，入赤湖，进灌郢城，遂破楚。"这里的漳水是指古漳水，与古沮水（今蛮河）均自西山（荆山山脉）东下。据石泉先生考证，古沮水漳水在南漳武镇以下汇合后经宜城朱市又作分流，漳水从朱市北转东南流向宜城南部平原。古漳水并不径向楚郢城流去。为了破郢城，伍子胥组织兵马，开挖渠道，引古漳水流向郢城。至今，楚皇城西北还有一个地名叫拖锹沟。拖锹沟的传说是：伍子胥报父兄仇心切，见郢城久攻不下，即下决心引水灌郢。伍子胥向吴王借得宝剑一柄，从东南向下，以剑当锹，拖剑成沟，直向郢都。水随沟直奔，下纪南，通赤湖，汹涌不可挡，最终大破鄢郢。这一段沟渠后名之为拖锹沟。

漳水自朱市北向东南一段，恰好成为长渠下游的基础。

更远一段的史实发生在楚庄王（？—前591年）时期。楚庄王即是三年不鸣一鸣惊人、三年不飞一飞冲天的楚国英主。楚庄王时期，孙叔敖（前630—593年）曾三任令尹（相当于中原诸国的相国）。楚庄王十七年（前597年），孙叔敖协助楚庄王在邲（现郑州北）之战中大败晋军。据《韩非子》记载，胜后论功行赏，庄王欲赏孙叔敖河雍（在河南）之地，孙叔敖则请赏于“河间之地，沙石之处”。就在这里，孙叔敖“激沮水作云梦大泽之池也”。这就是说，楚庄王改赏孙叔敖于沮水河畔，孙叔敖引沮水形成陂塘，灌溉于河间之地，使沙石之处变成良田。

今蛮河即古沮水。石泉先生考证得是十分明白了。至今武镇以西的蛮河北岸上，还保留有临沮岗、临沮村等地名，也是一有力佐证。孙叔敖除了是楚国名相，还是一位水利专家。史载，在任令尹前，孙叔敖曾主持修建“期思陂”（今河南淮宾、固始一带），“决期思之水，而灌雩娄之野”；又修建“芍陂”（今安徽寿县南），借淮河水道泄洪，筑陂塘灌溉农田。毛主席1957年视察河南信阳时，对孙叔敖的评价是：“了不起的治水专家。”以孙叔敖的能力，在被封赏之地，激水作陂渠以灌溉农田，是完全可以做到的。

而孙叔敖所作陂渠，又有可能与古漳河下游相通，或者虽不相通，也仅剩中间一段相隔阻。这样，白起伐楚水攻楚郢，筑坝凿渠，现有沟渠水道就可充分利用，自然可收事半功倍之效。

上述两个事件，在史书上均有明文记载，为什么在长渠史的研究中却无人（或很少有人）提及呢?

这个谜的谜底就是战国时期楚国的都城到底在哪?

流行的说法，就是现荆州城（江陵）以北的纪南城遗址是楚国的都城——郢，上述两个事件都是围绕此“郢”而展开，因而就和长渠了无瓜葛。

石泉先生的考证则有力地说明，战国时期的楚郢都不在现纪南遗址而在宜城南部，即楚皇城是也。不仅如此，楚皇城还是汉魏晋时期的南郡郡治江陵。江陵城（荆州城）直到南北朝时期的后梁，才从汉江与蛮河交汇的宜城南部迁移到长江边的现址，时间在公元620年左右。而史书对此记载之所以模糊和混乱，盖因南北朝时期，襄荆之间战乱频繁、环境恶劣，大量历史资料就此湮灭。而古时地名水名随人迁居而搬家的规律（如江陵、纪南、赤湖、沮水、漳水等），也使今人在对古籍的阅读理解上产生了歧义。

解开了楚国郢都之谜，我们就更容易理解上述两个事件与长渠（白起渠）的渊源，更容易理解白起之所以选择水攻楚郢的战法：利用既有水道加以完善，从而形成强大的战斗力。由此，我们还可以把长渠的历史上限追溯到公元前596年！

百里长渠长相忆

乔余堂

记得是1969年的“五一”前后，正是插秧季节，也是用水高峰。我当时上小学五年级，老师带着我们，到长渠边上的杨岗提水泵站参观。

在长渠边上，在提水泵站边，我第一次听说长渠又名白起渠，第一次听说长渠的水来自很远的大山里面，第一次听说这不宽阔的长渠竟然长达百里，渠水浇灌着数十万亩农田，养育着数十万人口。从此，我对长渠充满了好奇。

岁月匆匆，再加上我生性懒惰，几十年过去了，虽然好奇心尚存，自诩对长渠也有所了解，但这了解仅仅是皮毛，对长渠依然是知其然不知其所以然。

2018年冬，我曾陪同几位友人回到了我的家乡。站在长渠堤上，我却对长渠既感到熟悉又感到陌生。闻讯赶来陪同我们的宜城市人大常委会孙纯科主任见状，便热心地向我的几个朋友介绍起了长渠。他如数家珍般的讲述、专家式的点评，既让我敬佩，又令我汗颜。我顿时觉得，不了解长渠，简直称不上是一个合格的宜城人!

回汉后，便找来一些资料，作了一些初步的学习研究。其中一大收获就是了解长渠必须从历史着手。原武汉大学教授、著名历史地理学家石泉关于这方面的著作让我受益匪浅。

尽管如此，我依然没有动笔写长渠的打算。

激发我写这组文章的，是新冠肺炎疫情期间关于水的新闻。据报道，前不久，因新冠肺炎在国外肆虐，很多很多留学生及侨居国外的华人回国避瘟。其中，一名回国后在上海接受隔离的女生，因隔离场所未提供矿泉水而大吵大闹，以至警察不得不出面处理。由此，我想了很多。我想到，因水而产生的新闻必须用水来升华。可是，真当我提笔的时候，我却不禁想起了我的家乡，想起了百里长渠，想起了清悠悠的长渠水。因此，和初衷相对照，写出来的这组文章简直是“离题千里”了。

长渠的历史和国家的历史相关联。只有把关联处弄明白了，才能够更好地了解长渠。对我来说这是一项很艰难的工作。我从 2020 年 4 月中旬开始着手，一边学习研究一边写作，历时近一个月。写作此组文章的主要参考材料有：《石泉文集》《宜城志》，原收集的一些资料主要是宣传资料、网上查阅的相关材料。这组文章中有些说法尚不敢说就是正确的，只能说是个人的粗浅见解。

我对家乡愧无贡献。谨以此组文章，表达我无尽的相思，无尽的乡愁。

附录二

参加长、木二渠调查研究或实地考察的人员名单

孙纯科　宜城市人大常委会主任
王孔庚　宜城市政协离休干部
鲁成峰　宜城市人大常委会办公室主任
杨迎斌　宜城市人大常委会财经工委主任
杨建修　宜城市人大常委会农工委主任
顾家龙　宜城市检察院副检察长
李福新　宜城市文化局退休干部、原局长
全国锋　宜城市教育局退休干部、原副局长
宋培霖　宜城市民政局原局长
李秀东　宜城市文化旅游局局长
王　勇　宜城市博物馆馆长
郝铁方　宜城市水利局原工程师
付青松　宜城市小河镇党委书记
汪继国　宜城市科委退休干部
廖明志　宜城市书法家协会主席
何再友　宜城市水利局工程师
周荣友　宜城市谭湾水库原党支部书记
闻万平　宜城市南营办事处人大联络处主任
李远仁　宜城市南营办事处退休干部
徐正武　宜城市王集镇人大主席
李家祖　宜城市王集镇退休教师

附录三

政协宜城、南漳两县（市）委员会研讨会参会人员

主题：长渠的历史定位

参加人员：

郑风元　南漳县政协主席

楚定立　宜城市政协主席

周必良　谷城县政协主席

魏育高　襄阳市水利局三道河管理局副局长

主题发言人：

周　波　襄阳市三道河管理局办公室主任

庹先沮　长渠申遗专家组组长、南漳县代表

李福新　长渠申遗专家组副组长、宜城市代表

郝铁方　宜城水利局原工程师

王孔庚　宜城市政协离休干部

后 记

我们面临的是千百年来传统习惯的强大影响，要想还原历史真相，实在太难了。本书不求得到大家都认可；只求唤起广大干群对长渠历史文化的重视，接受不同观点的辩论。相关建议若能被采纳，就是取得了实效。假若本书出版后，得不到任何反应，就像一个人声嘶力竭的呼叫声，消失在无边无际的旷野里，连个回声也没有，才是最大的失败！好在书稿在征求意见时，就有了回应。自幼喝着长渠水长大的省人大干部乔余堂同志，以对家乡的真挚热烈的激情歌颂了长渠，代表了宜城游子的思乡情怀。武汉大学古文字学家肖圣中教授，在接到征求意见稿后，两周内，详细审查了书稿，查阅大量资料提供给我们参考，并坦率地对有些问题提出批评，实在令人感激不尽！学术是在争论中前进的，肖教授带了个好头，我们再次表示感谢。武汉大学水利水电学院教授王均星主动帮我们联系他的师妹、水利史专业教授李可可出席宜城千年古县学术研讨会。她听完《白起渠不是白起开创的》发言后表示，这个观点站住了脚，将要改写中国的水利史！在接到本书的征求意见稿后，李可可教授细心审阅了全稿，并以学术著作的严谨要求，为我们列出分章分节的提纲。又在三伏天带病赶到宜城，来交换意见。希望我们能如偿所愿，也以此感谢这位邵阳才女的一番苦心。我们根据实际情况，提出分两步走的方案，先出版现在的书稿，接受社会的检验后，作出修改，按照教授指导的提纲写成学术著作推向全国，引起各级政府和学术界的关注。除此以外，对长渠的综合治理和利用也要引起高度关注。

王孔庚

2020年9月